邊玩邊學

使用 Scratch 學習 AI 程式設計

專案大集合

Scratch
であそぶ
機械学習

AIプログラミングの
かんたんレシピ集

石原 淳也、 小川 智史、 倉本 大資 著

阿部 和広 監修

吳嘉芳 譯

O'REILLY®
オライリー・ジャパン

序

　　本書的姊妹作《Scratch ではじめる機械学習―作りながら楽しく学べる AI プログラミング》在 2020 年出版。當時我引述了 Alan Kay 的名言「科技是你出生之後才發明的東西。」並寫下未來運用了人工智慧、機器學習的技術將隨處可見。過了兩年，實際上變得如何呢？

　　機械翻譯的準確度愈來愈好，可以翻譯出較為自然的中文。使用智慧型手機拍攝的照片可能比肉眼看到的實物漂亮，甚至還可以自動加上標籤分類。即便是專業的棋士對奕，只要檢視評估值圖，一般人也能看出哪一方占上風。汽車的自動駕駛功能已經達到實用等級，如輔助維持路線、煞車減少碰撞等。

　　然而，我們過於理所當然地接受了這些技術，忽略了達成此目標的人工智慧及機器學習技術。

　　因此本書和上一本著作一樣，重視「邊練邊學」，亦即重視建構主義的思維。話雖如此，從零開始「from scratch」並不容易。同樣是學習 scratch，我們透過程式設計語言「Scratch」及專門的擴充功能來降低門檻，並以此為基礎，準備了各種推測動作、影像辨識、聲音辨識等範例，也就是所謂的「專案」。這些專案都能激發你的好奇心，讓你不自覺地想動手操作。

　　我想你們當中，應該有人已經會使用這些技術，「可以獨立完成」程式。然而，當你打算製作某些東西時，恐怕仍有力不從心的時候，此時只要接受別人的幫助，就能消除這個差距。蘇聯心理學家 Lev Semenovich Vygotsky 把這種差距稱作「近側發展區」（Zone of Proximal Development, ZPD），這本書的專案及解說就像是填補 ZPD 的「鷹架」（scaffolding）。

　　即使弭平差距，你仍可能覺得缺少了什麼，或實際運用時，依舊感到能力不足。這本書特別採取開放式專案，目的是引導你進入完成某項任務，藉此發現全新「自己不會之事」的循環。

　　開發 Scratch 的 Mitchel Resnick 表示「孩童只在組裝對自己有意義的東西時，才會動腦思考」。我希望已經長大的孩子們，秉持著童心，動腦享受這本書。

2022 年 6 月 17 日
阿部和広

目 錄

關 於 本 書

● 本書的目標讀者

這本書是以已經設計過 Scratch 的國小高年級以上的讀者為對象。

實際接觸過機器學習、人工智慧（AI）並想學習應用技巧的人，以及害怕 Python 等程式設計語言的人，也建議閱讀本書。

此外，使用 Scratch 開始製作機器學習專案的人，請一併閱讀詳細說明每個步驟的姊妹作《邊玩邊學，使用 Scratch 學習 AI 程式設計》當作參考。

● 準備工作

必須準備可以連線上網的電腦（或平板電腦），網頁瀏覽器（建議使用 Chrome）。不一定要註冊 Scratch 帳號。

製作使用了影像辨識、推測動作（姿勢）的專案時，會用到攝影機（不包括 2-2「辨識手寫數字」），請準備內建的網路攝影機（如果沒有內建，請利用 USB 外接網路攝影機）。部分範例可能比較適合使用特殊的攝影機，此部分將在各個範例中說明。

製作使用了聲音辨識的專案時，需要麥克風，大部分的筆記型電腦或平板電腦應該已經內建。如果需要其他硬體或材料，會在各個範例的「必要項目」清單中介紹。

製作以 Scratch Link 驅動其他硬體（micro:bit 等）的範例時，電腦或平板電腦需要能支援 Bluetooth 4.0 以上。如果不支援，請加裝 Bluetooth 接受器。

● 本書介紹的程式

以下網頁可以下載或開啟書中介紹的程式。

邊玩邊學，使用 Scratch 學習 AI 程式設計—AI 程式設計專案大集合
http://books.gotop.com.tw/download/A736

使用瀏覽器開啟上面的網頁後，再點選「A736 範例檔 .zip」。

下載程式檔案（.sb3）之後，請將檔案載入客製化 Scratch（Stretch3）。下載程式的方法請參考第 17 頁的說明。

● 變數與清單

書中建立變數或清單時，如果沒有特別指示，請選擇「僅適用當前角色」。

● 各個範例的結構

≫ 思考作法

　大致顯示製作範例的步驟

≫ 完整程式圖

　顯示完整的程式圖。在「必要項目」清單中，整理了此範例使用的擴充功能、角色、建立的變數或清單、其他必備的物件（步驟中將會詳細解說這個部分）。

≫ 進行學習

　詳細顯示執行機器學習（讓電腦學習）的步驟，部分範例不需要學習過程。

≫ 思考程式

　詳細顯示以 Stretch3 設計程式的步驟。

≫ 實際操作

　顯示完成範例後，執行操作時的建議。

≫ 其他應用

　顯示應用範例、改進事項等建議。

● **事先提醒**

　本書是根據 2022 年 6 月的資料撰寫而成，日後各個應用程式的畫面可能因更新而導致截圖與最新版本不同，敬請見諒。

書 中 出 現 的 角 色

| Kikka | Shu | ML-1050君 |

　平常 Kikka 與 Shu 很喜歡用 Scratch 製作遊戲，享受程式設計的樂趣。兩人在《邊玩邊學，使用 Scratch 學習 AI 程式設計》瞭解了機器學習有多有趣，就開始思考機器學習可以運用在何種事物上。為了讓創意付諸實行，和對機器學習瞭若指掌的 ML-1050 君一起，邊嘗試錯誤，邊創造出各式各樣的作品。

如何用 Scratch 進行機器學習

平常電腦只會按照人類的命令執行任務。可是，使用機器學習的技術，電腦可以根據學習後的結果進行判斷。

機器學習是人工智慧（AI）中的一個領域，機器（電腦）可以和人類一樣獲得知識，「學習」做好某件事。換句話說，機器學習是

・使用可以快速處理大量資料的「機器」（電腦）

・取代人類獲得的「經驗」，利用資料進行「學習」的技術

本書將使用 Scratch，製作運用機器學習的各種程式，種類包括影像辨識、聲音辨識、推測動作（姿勢）等。要運用這些功能，得使用特別的 Scratch（Stretch3）而不是一般的 Scratch。這一章將先介紹 Stretch3。

關於 Stretch3

以下將介紹本書使用的客製化 Scratch「Stretch3」，並說明可用的擴充功能。

本書使用的是把積木型虛擬程式設計語言 Scratch 經過客製化後的「Stretch3」。

Stretch3

https://stretch3.github.io/

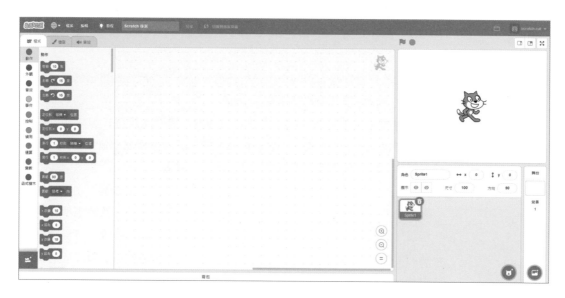

　由 Scratch 財團開發的 Scratch 是可以建立遊戲、動畫、數位故事等教學用程式設計環境，在世界各地都非常受歡迎，包括臺灣。作者（石原淳也）認為增加原本 Scratch 沒有的影像辨識功能後，可以大幅拓展 Scratch 的應用，因此開發了名為「ML2Scratch」的擴充功能，並準備可以使用該功能的環境 Stretch3。

外觀及用法和 Scratch 一樣，所以用過 Scratch 的人可以輕易開始操作。

請注意！一般的 Scratch（https://scratch.mit.edu/）無法使用機器學習的擴充功能。

POINT

操作 Stretch3 時，建議使用 Chrome 瀏覽器，還未下載的人，
請自行安裝。

如果你已經使用了 Chrome，並在 Chrome 安裝其他擴充功
能，可能因此導致攝影機或機器學習程式庫無法按照預期執行
動作，建議改以關閉擴充功能的訪客模式開啟 Chrome，避免
出現這個問題。按下畫面右上方的名稱或使用者圖示，選擇「訪
客」，就會開啟訪客模式視窗。

要製作使用了機器學習的程式，必須載入支援擴充模式的 Stretch3。載入擴充模式的方法和
一般的 Scratch 一樣。按下畫面左下方的「添加擴展」鈕，選擇你想載入的擴充功能。

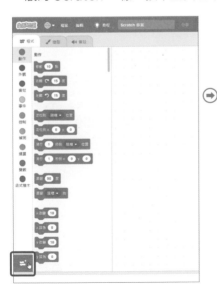

≫ 介紹 Stretch3 可以使用的擴充功能

　　後面將加入許多開發者製作的各種擴充功能，包括作者（小川智史）開發的「IFTTT Webhooks」（請參考第 14 頁）在內，截至 2022 年 7 月為止，已經可以使用 16 個獨家開發功能。以下除了書中介紹與機器學習有關的擴充功能之外，也一併說明其他擴充功能。

機器學習的擴充功能

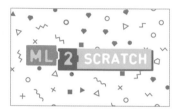

ML2Scratch
https://github.com/champierre/ml2scratch

開發者 Junya Ishihara

可以輕易體驗、操作使用了機器學習的影像辨識功能。

PoseNet2Scratch
https://github.com/champierre/posenet2scratch

開發者 Junya Ishihara

可以偵測人的姿勢，取得身體各個部分的 x 與 y 座標。

TM2Scratch
https://github.com/champierre/tm2scratch

開發者 Junya Ishihara, Koji Yokokawa

可以使用在 Google Teachable Machine（https://teachablemachine. withgoogle.com/）建立的學習模型，運用機器學習的影像辨識、聲音辨識功能。

TMPose2Scratch
https://github.com/champierre/tmpose2scratch

開發者 Junya Ishihara, Koji Yokokawa

可以使用在 Google Teachable Machine（https://teachablemachine. withgoogle.com/）建立的學習模型，運用機器學習辨識身體動作的功能。

Facemesh2Scratch

https://github.com/champierre/facemesh2scratch

開發者 Junya Ishihara

只要透過網路攝影機就能追蹤臉孔。

Handpose2Scratch

https://github.com/champierre/handpose2scratch

開發者 Junya Ishihara

只要透過網路攝影機就能追蹤手與手指。

Speech2Scratch

https://github.com/champierre/speech2scratch

開發者 Junya Ishihara

利用瀏覽器的聲音辨識功能，把聲音轉換成文字。

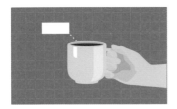

ImageClassifier2Scratch

https://github.com/champierre/ic2scratch

開發者 Junya Ishihara

辨識網路攝影機拍攝到的物體並進行判斷。

其他擴充功能

Microbit More

https://lab.yengawa.com/project/scratch-microbit-more/

開發者 Koji Yokokawa

效能比 Scratch 的附屬功能 micro:bit 強大，micro:bit 的感測器及輸出功能幾乎都能使用。

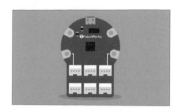

AkaDako（Grove2Scratch）

https://github.com/tfabworks/xcx-g2s

開發者 TFabWorks

只要使用 USB 線連接，Scratch 就可以設計能控制 Grove 感測器、致動器的 AkaDako（https://akadako.com/）。

Scratch2Maqueen

https://github.com/champierre/scratch2maqueen

開發者 Junya Ishihara

Scratch 可以即時控制程式設計機器人 Maqueen。

PaSoRich

https://github.com/con3office/pasorich

開發者 kotatsurin

使用 IC 讀卡機「PaSoRi」能讀取 Suica 等 IC 卡。

QR Code

https://github.com/sugiura-lab/scratch3-qrcode

開發者 sugiura-lab

讀取 QR Code。

※QR Code 是 Denso Wave（股）公司的註冊商標。

IFTTT Webhooks

https://github.com/NorifumiOgawa/iftttWebhooks

開發者 Norifumi Ogawa

Scratch 可以透過 IFTTT 與其他服務連動。

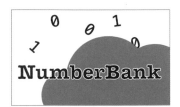

NumberBank

https://github.com/con3office/numberbank

開發者 kotatsurin

可以在雲端儲存數字。

LEGO DUPLO Train

https://github.com/bricklife/scratch-lego-bluetooth-extensions

開發者 Shinichiro Oba

Scratch 可以控制 LEGO DUPLO 的動力車。

▶ ML2Scratch 與 TM2Scratch 的差別

ML2Scratch 與 TM2Scratch 都是用來辨識影像，功能類似，卻各有特色。如果只想輕鬆體驗、嘗試影像辨識，建議選擇只用 Stretch3 就可以完成所有操作的 ML2Scratch。若想上傳事先準備的影像，當作學習素材，或想同時進行聲音辨識等較高難度的工作時，選擇 TM2Scratch 比較適合。

ML2Scratch 的特色

- 只能辨識影像
- 可以同時在 Stretch3 上執行學習與寫程式。
- 可以下載儲存完成的機器學習模型 ※
- 不支援上傳影像或聲音檔案
- 可以學習、分類舞台影像

TM2Scratch 的特色

- 可以辨識影像、聲音
- 可以和 Google Teachable Machine（https://teachablemachine.withgoogle.com/）一起使用
- 可以把已經完成的機器學習儲存在伺服器或下載後存檔
- 可以上傳影像或聲音檔案，讓電腦進行學習
- 不支援學習、分類舞台影像

※ 機器學習模型是指藉由機器學習導出的模式。

≫ 切換是否啟用攝影機

　　使用 ML2Scratch、PoseNet2Scratch 等會
用到攝影機的擴充功能時，瀏覽器必須允許使用
攝影機。當你想使用這些擴充功能，會開啟請求
允許使用攝影機的畫面，請按下「允許」。

　　以下將介紹不小心封鎖攝影機，或需要切換平板電腦的前 / 後攝影機，以及切換成外接式
USB 攝影機的操作方法（按照相同步驟也可以切換是否允許使用麥克風）。

＊註：其他應用程式使用了攝影機，或正在使用虛擬化身、虛擬攝影機時，可能無法正常執行，請特別注意這一點。

　　封鎖時，網址列右邊的攝影機圖示會加上「❎」（打叉）圖示，如上圖所示。

　　允許使用攝影機時，會顯示攝影機圖示。

　　按一下攝影機圖示，可以開啟與允許使用攝影機有關的選單。按下左下方的「管理」，開啟
Chrome 設定畫面的攝影機項目，在這個畫面中，如果有多個攝影機，可以進行切換，或依照
網站管理是否允許、取消使用。萬一不小心封鎖了攝影機，請選擇「繼續允許 https://
stretch3.github.io/ 存取你的攝影機」。若要更改設定，請重新載入瀏覽器，套用更改後的
設定。

＊註：安裝 Chrome，第一次開啟攝影機時，OS 可能會出現提醒畫面。
　　　在該畫面中，也請允許使用攝影機。
　　　此外，使用 Chrome 的訪客模式（第 11 頁）開啟「管理」鈕，不會出現詳細的攝影機設定。
　　　假如需要切換多個網路攝影機，請使用一般模式而非訪客模式。

≫ 下載 / 上傳專案

Stretch3 和一般的 Scratch 一樣，製作完成的程式不會自動儲存在伺服器。如果想儲存起來，日後再使用的話，請執行「檔案→下載到你的電腦」命令，在你的電腦上儲存成 .sb3 檔案。

想開啟已經儲存的程式，請執行「檔案→從你的電腦挑選」命令，選擇要開啟的 .sb3 檔案。

這樣可以使用尚未完成的程式，或本書在網站（請參考第 6 頁）提供的完成程式。請特別注意！副檔名（.sb3）雖然一樣，但是無法載入一般的 Scratch。

▶ 如何建立原創 Scratch 擴充功能

Stretch3 是以 https://github.com/LLK 發布的 Scratch 原始碼為基礎來開發，其原始碼也公開在以下網址。

Stretch3的原始碼
https://github.com/stretch3/stretch3.github.io

Scratch 符合 BSD 授權條款的三個條件。可以更改、複製、再次傳播，如果你有興趣，請參考網路上關於 Scratch 的擴充功能資料，試著自行開發原創擴充功能。

改造Scratch | 成人用的Scratch
https://otona-scratch.champierre.com/books/1/posts

試著製作Scratch 3.0的擴充功能
https://ja.scratch-wiki.info/wiki/Scratch_3.0の拡張機能を作ってみよう

除了 Stretch3 之外，還有幾個加入獨家擴充功能的「客製化 Scratch」。adacraft（https://www.adacraft.org/）可以運用 Stretch3 缺少的擴充功能，特色是建立的專案和一般的 Scratch 一樣，能儲存在網路上。

此外，和 Xcratch(https://xcratch.github.io/)、e 羊 icques(https://sheeptester.github.io/scratch-gui/) 一樣，以外掛方式支援的擴充功能可以日後再新增。

1章

推測姿勢專案

這一章要介紹使用了推測姿勢的專案，讓電腦學習身體的姿勢（動作）並分類，利用不同姿勢思考各種動作。使用可以先從相機影像辨識眼、鼻、口、肩、腰、頸等身體位置的「PoseNet2Scratch」，以及能精細辨識手部位置的「Handpose2Scratch」，不需要花時間讓電腦學習，就能立即體會創造機器學習作品的樂趣。你可以把它當成是創造機器學習作品的第一個挑戰。

≫ 除機器學習之外的必學事項

請製作雙手在頭上合起的○（圓形）姿勢後，在畫面顯示○符號，在身體前交叉、做出 ×（比叉）的動作後，在畫面顯示 × 符號的程式。這或許可以運用在透過網路攝影機進行線上教學等情境（第 34 頁「顯示在視訊會議軟體上」會再說明）。

依照比圈或比叉姿勢，在畫面上顯示對應的符號！

我們學校也增加了線上教學課程，現在是用「按讚」鈕或「拍手」來表達回應，難道沒有更簡單的方法可以把自己的想法告訴大家嗎？

不用特意按下按鈕，取得攝影機前面的○或 × 姿勢，就能立即傳送容易瞭解的反應可能比較好吧？

嗯，不然使用 Teachable Machine 與 TMPose 2 Scratch 吧？ 透 過 Teachable Machine 學 習 特 定 姿勢，當電腦辨識了該姿勢後，只要建立可以顯示○或 × 的程式即可！

≫ 思考作法

1. 學習「○」的姿勢與「×」的姿勢，建立機器學習模型。
2. 準備取得「○」姿勢時才顯示「○」的角色。
3. 準備取得「×」姿勢時才顯示「×」的角色。

≫ 完整程式圖

「Button1」的程式

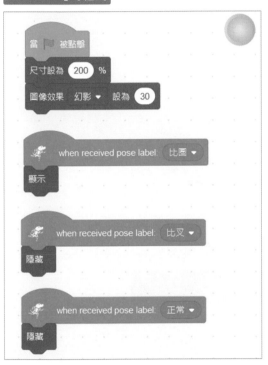

「Button5」的程式

● 必要項目

使用的擴充功能	作用
TMPose2Scratch	辨識○與 × 的姿勢。

準備的角色	作用
Button1	顯示○時的角色。
Button5	顯示 × 時的角色。

建立的變數、清單	作用
無	

≫ 進行學習

利用 Teachable Machine 建立學習○與 × 姿勢的模型。

1 增加姿勢樣本

首先，建立辨識○與 × 姿勢的機器學習模型 (建議使用 Google Chrome)，開啟 Teachable Machine，按下「開始使用」鈕。

Teachable Machine
https://teachablemachine.withgoogle.com/

在「新增專案」畫面中，選擇「姿勢專案」。

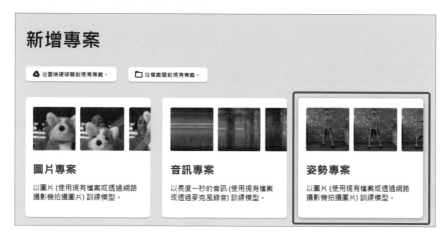

❶ 增加比圈姿勢的樣本

　接下來要增加比圈與比叉姿勢的樣
本。首先從比圈姿勢開始。

　按一下「Class 1」旁邊的鉛筆圖示，
刪除顯示成藍色的「Class 1」文字，
姿勢的標題輸入「比圈」。

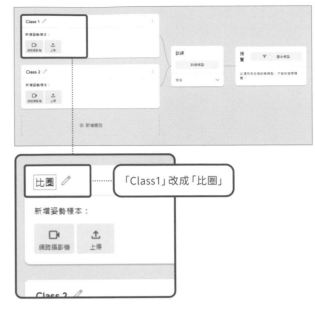

「Class1」改成「比圈」

　接著按下「網路攝影機」圖示，就會
顯示請求允許使用攝影機的訊息，請按
下「允許」。

　Teachable Machine 會在網路攝
影機內的雙眼、鼻子、雙耳（拍攝到肩
膀為止，亦即雙肩上）等各個部位，顯
示辨識該場所的藍點。

按下「按住即可錄製」鈕，可以把拍到的影像新增成姿勢範本，但是在按住按鈕的狀態下，很難做出雙手放在頭上的比圈動作。

　因此，請按下按鈕旁邊的齒輪圖示，改成以下設定，並按下「儲存設定」鈕，就可以在按下按鈕的 2 秒後開始錄影。

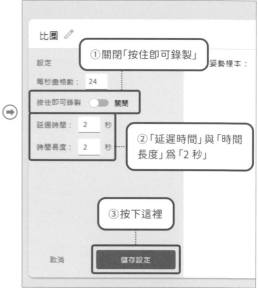

①關閉「按住即可錄製」

②「延遲時間」與「時間長度」為「2 秒」

③按下這裡

　你可以看到剛才的「按住即可錄製」鈕變成了「錄製 2 秒」，接著按下該按鈕。

　按下按鈕 2 秒後，才會開始錄影，這樣就能擺出雙手在頭上合起的比圈姿勢。開始錄影之後，持續一點一點地移動身體的位置，錄製時間為 2 秒的樣本姿勢。2 秒之後，可以拍到 24 ～ 25 張樣本，如右圖所示。

POINT

持續移動身體位置是為了盡量增加樣本的變化，這樣比較能提高辨識的準確度。

按下這裡

樣本顯示在右側

❷ 增加比叉姿勢的樣本

接著要新增比叉姿勢的樣本。按下畫面中「Class 2」旁的鉛筆圖示，刪除反白成藍色的「Class 2」文字，輸入姿勢的標題「比叉」。

按下「網路攝影機」鈕，再按下「錄製 2 秒」，這次要建立雙手在身體前面交叉的比叉姿勢，新增樣本。和比圈姿勢一樣，稍微移動身體的位置，盡可能每次都不一樣。

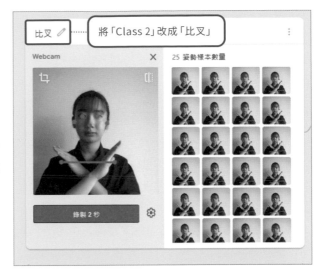

將「Class 2」改成「比叉」

❸ 增加不做任何姿勢的樣本

以上就完成比圈與比叉姿勢的樣本，另外還要增加不是比圈，也不是比叉姿勢的樣本。如果只有比圈和比叉的樣本，萬一沒有做出其中一個姿勢，就會強制判斷為最接近的姿勢。

Teachable Machine 剛開始只提供兩個類別，請按下畫面最下方寫著「新增類別」區域，再增加一個類別。

⊞ 新增類別

按一下新增類別標題「Class 3」旁的鉛筆圖示，輸入姿勢標題「正常」，和比圈、比叉姿勢一樣，按下「網路攝影機」→「錄製 2 秒」，新增沒有任何動作的樣本。此時，也一樣要持續一點一點移動身體。

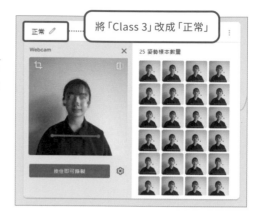

將「Class 3」改成「正常」

2 訓練模型

姿勢樣本錄製完成後，接著按下畫面正中央的「訓練模型」鈕，建立分類模型。

POINT

訓練模型需要花一點時間，請耐心等待不要點選畫面。

完成模型後，畫面右邊的「預覽」區域會顯示網路攝影機當時拍攝的影像，可以確認是否能辨識「比圈」、「比叉」、「正常」其中一個姿勢。

這張圖在「比圈」旁顯示了橘色橫條，可以瞭解辨識為「比圈」的結果有 100% 的準確度（以百分比顯示對分類結果有多少自信）。

▶ 無法順利分類時

假如分類的準確度不佳,請刪除無法正確分類的類別,重新加入樣本。

如果每個類別都無法分類時,請刪除全部的類別,從頭開始操作。此時,請確認完整的姿勢是否涵蓋在網路攝影機拍攝的影像框內。肩膀以上的部分都包含進去,應該就可順利辨識。

① 按下垂直排列的三點圖示

② 選擇「刪除類別」

試著比叉或不擺出任何姿勢,如果分類的準確度令人滿意,接下來要匯出模型。

匯出模型時,按下預覽區域的「匯出模型」,維持選擇「上傳(共用連結)」的狀態,接著按下「上傳模型」鈕。

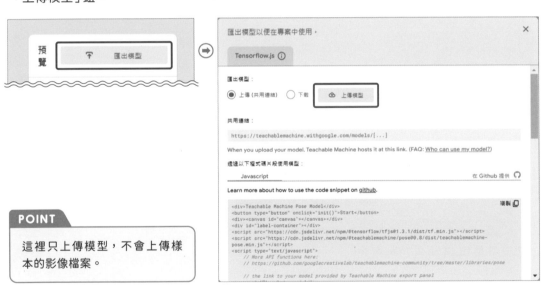

POINT

這裡只上傳模型,不會上傳樣本的影像檔案。

不久之後，模型會上傳至 Google 伺服器，在「共用連結」顯示網址，按下旁邊的「複製」鈕，先複製連結。

≫ 建立程式

1 選擇擴充功能

載入「TMPose2Scratch」擴充功能。按下畫面左下方的「添加擴展」鈕，開啟「選擇擴充功能」畫面，選取「TMPose2Scratch」。

TMPose2Scratch
Recognize your own poses.

需求　　　　　合作者
🛜　　　　　Tsukurusha,
　　　　　YengawaLab and
　　　　　Google

POINT

如果顯示請求允許使用攝影機的畫面，請按下「允許」。

這次不使用貓咪角色，請先刪除。

此時，程式內沒有任何一個角色，「舞台」呈現被藍色框包圍的狀態。接下來要建立的程式會新增至「舞台」，成為執行整個處理的部分。

在「舞台」新增以下程式。「pose classification model URL」的 URL 部分請取代成第
28 頁複製的「共用連結」。

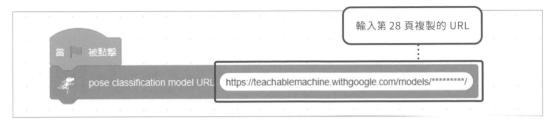

輸入第 28 頁複製的 URL

2 準備「比圈」角色與程式

接著新增做出「比圈」姿勢時想顯示的角色。在「選個角色」畫面中,選取
「Button 1」。

依照以下圖示堆疊積木,組成「Button 1」的程式。Button 1 角色有點小,所以設定成
「200%」(2 倍),並將「幻影」效果設定為「30」,稍微透視背景。

按下綠旗,開始執行程式後,在舞台上拖曳 Button 1,先放在右上方,避免遮住自己的臉。

請按下舞台左上方的綠旗按鈕，試著執行程式。開始執行程式後，透過舞台的程式載入指定的姿勢分類模型，就可以分類網路攝影機拍到的影像。

在 TMPose2Scratch 勾選「pose label」旁的核取方塊，可以確認分類的狀態。舞台左上方會顯示姿勢標籤值，沒有做任何姿勢會顯示為「正常」。

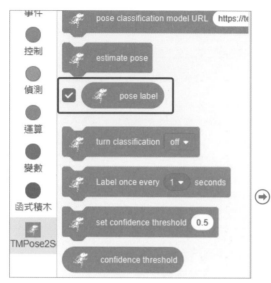

顯示姿勢標籤

請試著把雙手放在頭上，做出「比圈」的姿勢。如果姿勢標籤值顯示為「比圈」，代表正確載入姿勢分類模型。請一併確認擺出手臂交叉的「比叉」姿勢時，會顯示為「比叉」。

請在「Button 1」新增右圖的程式，做出「比圈」姿勢時，顯示 Button 1，不是該姿勢就不顯示。

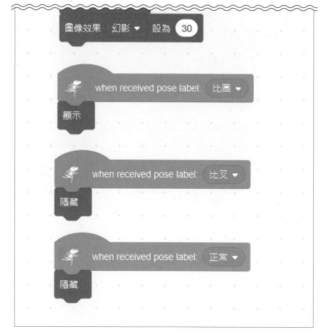

這樣就完成「比圈」的程式。請確認做出
「比圈」姿勢時，會顯示 Button 1，如右
圖所示，其餘姿勢則不顯示。

3 準備「比叉」的角色與程式

接著要準備「比叉」的角色。開啟「選個角色」畫面，選取並新增要當作「比
叉」姿勢的「Button 5」角色。

在「Button 5」準備了黑色與紅色兩個叉
叉。紅色比較容易辨識，所以選取左上方「造
型」標籤，按下黑叉造型右上方的垃圾桶圖
示，刪除黑叉。

堆疊積木，依照右圖建立「Button 5」的
程式。程式和「Button 1」差不多，不同的
是，取得「比圈」姿勢標籤時「隱藏」，取得
「比叉」姿勢標籤時「顯示」。

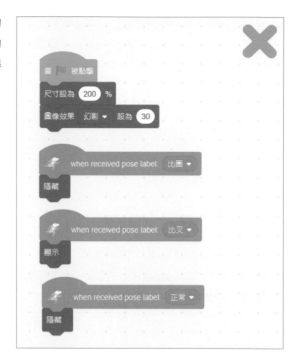

再次按下綠旗，從頭開始執行程式，套用
比叉程式。如右圖所示，取得比叉姿勢時，
若會顯示「叉叉」圖示，代表成功。

POINT

如果你覺得左上方的姿勢標籤有點干擾，只
要取消「姿勢標籤」積木旁的核取方塊，就能
隱藏。

≫ 實際操作

分別擺出「比圈」與「比叉」姿勢，確認畫面右上方是否顯示對應的角色。

≫ 其他應用

應該也可以設計舉起右手會顯示「舉手」符號的程式吧！

或是，豎起拇指會顯示「讚」？可以使用能辨識手指位置的「Handpose2Scratch」。

 把多個姿勢組合在一起也很有趣喔！比方說做出特定姿勢，會顯示對應的角色等等。

用手勢表示○ × 的系統若要實際運用在視訊會議軟體上，必須向對方顯示瀏覽器的畫面，而不是攝影機影像，使用 OBS（Open Broadcaster Software）軟體就能做到。

> OBS（Open Broadcaster Software）
> https://obsproject.com/

這個網站提供了 Windows、Mac、Linux 的安裝器，請選擇適合個人電腦的版本下載再安裝。

首先在 OBS 的來源新增「視窗擷取」。

接著在視訊會議軟體（右圖是以 Zoom 為例）開啟選取攝影機的畫面，從一般的攝影機切換成「OBS Virtual Camera」。

電腦畫面會直接顯示給對方，請執行顯示比圈、比叉的程式，切換成全螢幕顯示。

1-2 伏地挺身洞窟探險遊戲

使用可以辨識眼、鼻、手、腳等各個部位位置的擴充功能「PoseNet2Scratch」，製作移動身體就能玩的遊戲。這次要完成的遊戲是，一邊做伏地挺身，一邊操控火箭，避免碰撞到洞窟的牆壁，比賽看誰能持續飛行的最久。

牆壁會上下移動！為了避免撞到，要用鼻子操控火箭！

我現在迷上「健身環大冒險※」！可以邊運動身體邊玩遊戲，非常有趣。

我也是！下雨天或不能外出的時候，也能在家運動。我們可以做出這種運動身體的好玩遊戲嗎？

應該可以使用「PoseNet2Scratch」的姿勢辨識功能。這個功能可以辨識手、腳、眼、鼻的位置，一起動腦想想如何用它來操作遊戲吧！

※這是 Nintendo Switch 的遊戲，可以邊玩邊運動身體 https://www.nintendo.tw/switch/ringadventure/

≫ 思考作法

1. 利用 PoseNet2Scratch 取得鼻子的座標。
2. 製作並移動當作障礙物的洞窟牆壁。
3. 利用鼻子的位置操作火箭。

≫ 完整程式圖

「洞窟」的程式

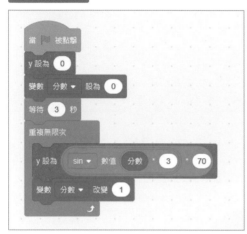

「火箭」的程式

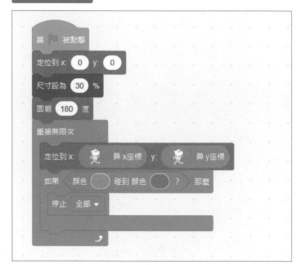

● 必要項目

使用的擴充功能	作用
PoseNet2Scratch	辨識鼻子的位置。

準備的角色	作用
洞窟（新增）	撞到後結束遊戲。
Rocketship	利用玩家的鼻子位置操控火箭。

建立的變數	作用
分數	遊戲的分數。火箭碰到洞窟牆壁之前會持續增加。

≫ 進行學習

這次「PoseNet2Scratch」將使用完成學習的模型，不需要進行學習，立刻開始建立程式吧！

≫ 建立程式

1 選擇擴充功能

載入「PoseNet2Scratch」擴充功能，按下畫面左下方的「添加擴展」鈕，開啟「選擇擴充功能」畫面，選取「PoseNet2Scratch」擴充功能。

Posenet2Scratch
PoseNet2Scratch Blocks.

需求　　　　合作者
🛜　　　　　champierre

> **POINT**
>
> 如果顯示了請求允許使用攝影機的畫面，請按下「允許」。

2 使用 PoseNet2Scratch 取得鼻子的座標

在最初提供的貓咪角色增加以下程式。

按下綠旗，開始執行程式，請確認貓咪會隨時移動到畫面中你的鼻子上。

確認完畢後，因為不需要貓咪角色，請刪除該角色（角色1）（即使程式因此不見也沒關係）。

3 **建立並移動當作障礙物的洞窟牆壁**

按下角色清單右下方的圖示,選擇「繪畫」。

如下圖所示,以覆蓋舞台上下的形狀,繪製出褐色牆壁,角色名稱命名為「洞窟」。

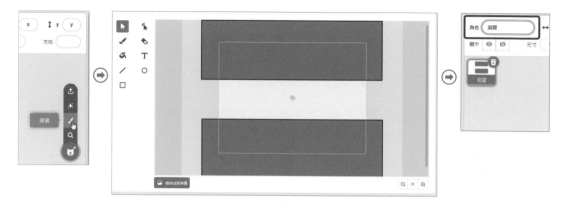

「洞窟」的程式如下所示。

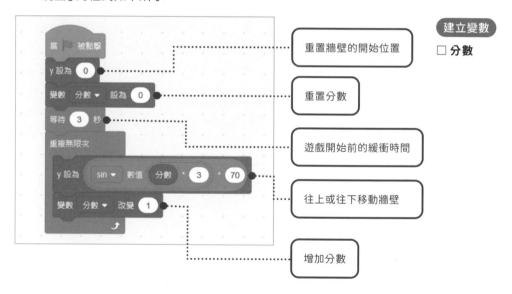

建立變數

☐ **分數**

重置牆壁的開始位置

重置分數

遊戲開始前的緩衝時間

往上或往下移動牆壁

增加分數

　準備名為「分數」的變數,開始執行程式後,分數設為「0」,在「重複無限次」積木中持續加一,遊戲玩的愈久,分數愈高。換句話說,之後要新增的「火箭」,只要持續飛行,不碰到洞窟牆壁,就能得到高分。

　在「重複無限次」積木之前,加入「等待 3 秒」積木,程式開始之後,到洞窟牆壁開始移動為止,有一點緩衝時間。

遊戲開始之後，y座標設為「0」，並重置牆壁的開始位置。之後，使用右圖的三角函數 sin 函數，讓牆壁慢慢往上或往下移動。把分數乘以「3」的值傳給 sin 函數，改變「3」的值，可以調整上下移動的速度，後面的「70」是決定上下移動的幅度。請視狀況把這兩個值調整成你覺得容易操控的數字。

POINT

> sin 是一種三角函數，使用這個公式，數值會反覆增減，呈現波浪狀態。

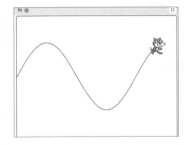
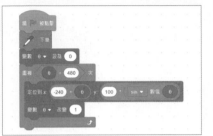

4 用鼻子位置操控火箭

　　在角色清單右下方，按下「選個角色」圖示，選取「Rocketship」，新增火箭角色。

Rocketship

　　火箭的程式如下所示。

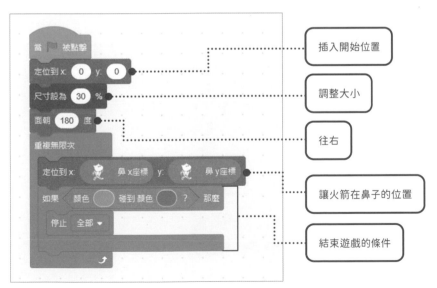

插入開始位置

調整大小

往右

讓火箭在鼻子的位置

結束遊戲的條件

設定一開始的位置，並調整造型大小。由於火箭是朝 90 度往上繪製，所以插入「面朝 180 度」積木，讓火箭角色向右。

和第 37 頁步驟 **2** 用貓咪角色進行測試時一樣，使用 PoseNet2Scratch 的積木，讓火箭在鼻子的位置上。

火箭撞到洞窟的牆壁後結束遊戲，因此設定成如果「火箭的身體顏色（紫色）碰到洞窟的牆壁顏色（褐色）」就「停止全部」。設定紫色與褐色時，請使用滴管工具分別吸取角色的顏色。

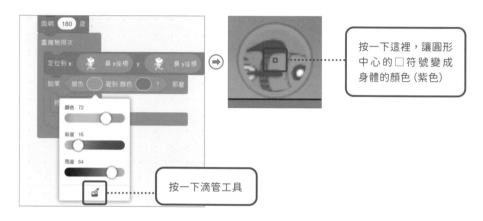

按一下這裡，讓圖形中心的 □ 符號變成身體的顏色（紫色）

按一下滴管工具

≫ 實際操作

完成程式後，準備進行伏地挺身，開始遊戲。

請好好操作火箭，持續做伏地挺身，避免碰到洞窟的牆壁，盡量獲得高分。

≫ 其他應用

雖然只是單純的遊戲，卻可以用身體操控遊戲，真的很有趣呢！

如果加入碰到就會結束遊戲的敵人角色，或拿到之後，分數可以加倍的道具，應該會更好玩？！

我想加入倒數計時的畫面，或遊戲結束的畫面～。

 除了鼻子之外，也可以思考運動身體其他部位，例如使用手或腳的遊戲，請多多嘗試！

使用可以辨識手或手指的擴充功能「Handpose2Scratch」，建立「空中寫字」程式，讓你能像用筆在畫面上寫字般練字。在攝影機前面舉起你的手，就會從食指尖滲出墨水，這樣能取代畫筆，在畫面上書寫文字或繪畫。

在空中移動手指，就像用筆寫字！

你知道出現在科幻電影中的虛擬鍵盤嗎？就是在空中敲打按鍵，即可輸入文字的鍵盤，那個超酷的！不曉得能不能做出那種程式…。

嗯…鍵盤有很多按鍵，非常密集，似乎很難用影像辨識做出這種效果。如果是在空中手寫文字，應該做得到吧？

使用 Handpose2Scratch，不用特別的感測器，就能辨識手部的細節位置喔！要不要嘗試看看？

≫ 思考作法

1. 取得食指尖的座標。
2. 按下空白鍵時出現墨水。
3. 按下「c」鍵（代表英文單字「clean（清除）」的第一個字母），能刪除寫在舞台上的文字，可以反覆書寫。

≫ 完整程式圖

「食指」的程式

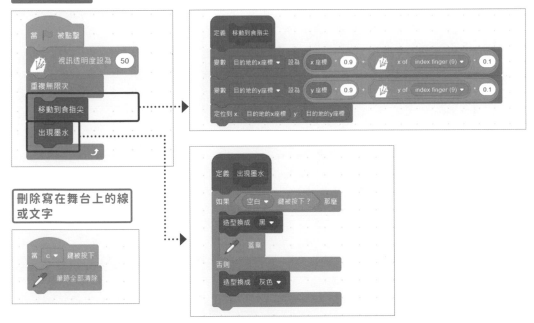

刪除寫在舞台上的線
或文字

● 必要項目

使用的擴充功能	作用
Handpose2Scratch	辨識食指的位置。
畫筆	繪製文字。

準備的角色	作用
食指（新增）	追蹤食指，出現墨水。

建立的變數	作用
目的地的 x 座標	根據食指的移動距離，顯示移動角色位置時的座標。
目的地的 y 座標	

≫ 進行學習

　　這次「Handpose2Scratch」將使用完成學習的模型，不需要進行學習，立刻開始建立程式吧！

≫ 建立程式

1 ▶ 選擇擴充功能

　　載入「Handpose2Scratch」與「畫筆」擴充功能。按下畫面左下方的「添加擴展」鈕，開啟「選擇擴充功能」畫面，選取「Handpose2Scratch」與「畫筆」擴充功能。

Handpose2Scratch
HandPose2Scratch Blocks.

需求　　　　　合作者
📶　　　　　　champierre

畫筆
使用你的角色來畫圖。

> **POINT**
>
> 如果顯示了請求允許使用攝影機的畫面，請按下「允許」。

2 ▶ 建立「食指」角色

　　如右圖所示，利用黑色圓形造型建立「食指」角色，這個圓形會隨時追蹤食指尖。

　　利用「繪畫」開啟建立角色的畫面，選擇筆刷，粗細設定為 50，填滿設定為黑色（顏色：0、彩度：100、亮度：0），在造型畫面的中心（「＋」字符號的中心）按一下，畫出如右圖的圖案。請將這個造型命名為「黑」。

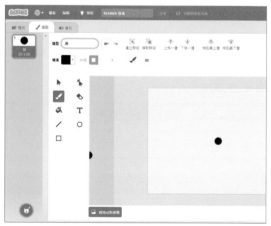

複製「黑」造型，以灰色（顏色：0、彩度：0、亮度：70）填滿，建立「灰」造型。「灰」會顯示在食指尖，表示從該處出現墨水。

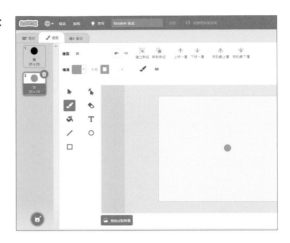

3 取得食指尖的座標

選取「食指」角色的「程式」標籤，組合出以下程式。

使用 Handpose2Scratch 的積木，取得食指尖的座標，該位置會隨時移動「食指」角色，「食指」角色將持續追蹤食指尖。

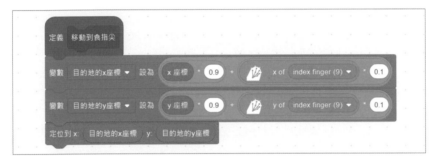

建立變數
☐ 目的地的 x 座標
☐ 目的地的 y 座標

此時，要使用「線性補間」技巧，讓「食指」角色可以流暢地追蹤食指的位置。假設在座標（10, 10）的物體要移動到下個座標（20, 20），若立即移動到該處，會因為移動量過大而卡頓，因此在（10, 10）移動到（20, 20）的路徑上，縮小每次移動的幅度，例如 1/10 的移動量（11, 11）。

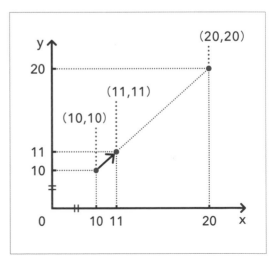

角色的目的地 x 座標與目的地 y 座標、角色移動前的 x 座標、y 座標，以及 Handpose2Scratch 偵測到的實際食指尖 x 座標與食指尖 y 座標，其位置關係圖如下所示。

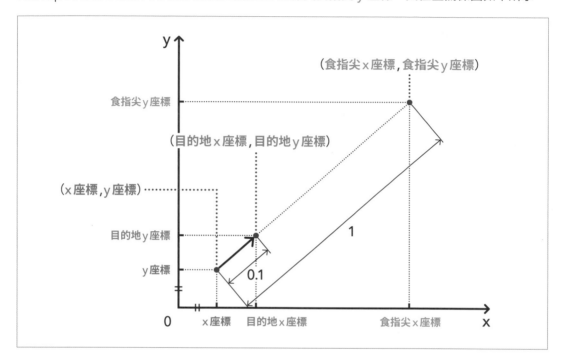

計算目的地 x 座標與目的地 y 座標的公式如下所示。

目的地 x 座標 ＝ x 座標＋（食指尖 x 座標－ x 座標）× 0.1
　　　　　　 ＝ x 座標＋食指尖 x 座標 × 0.1 － x 座標 × 0.1
　　　　　　 ＝ x 座標 × 0.9 ＋食指尖 x 座標 × 0.1

目的地 y 座標 ＝ y 座標＋（食指尖 y 座標－ y 座標）× 0.1
　　　　　　 ＝ y 座標＋食指尖 y 座標 × 0.1 － y 座標 × 0.1
　　　　　　 ＝ y 座標 × 0.9 ＋食指尖 y 座標 × 0.1

顯示成 Scratch，結果如第 45 頁正中央的程式所示。

POINT

不使用「線性補間」，單純在食指尖放置角色時，程式如下所示。

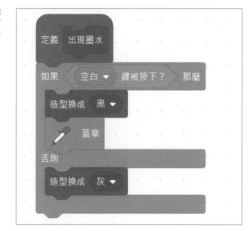

請實際比較繪製線條時，有沒有使用線性補間的差異。移動量除了設定成 1/10 之外，也可以試著設定成其他比例。

4 按住空白鍵的過程中出現墨水

按下空白鍵時，食指角色的造型會變成「黑」，使用畫筆的「蓋章」積木，在舞台上產生分身，就能營造出墨水從食指尖滲出的效果。

沒有按下空白鍵時，造型會變成「灰」。

程式如右圖所示。

5 刪除舞台上繪製的線條或文字

必須加入刪除舞台上的線條或文字的功能，才能重新書寫。使用代表刪除的英文單字「clear」的第一個字母，當按下「c」鍵時，刪除線條或文字。程式如右圖所示。

6 組合所有程式

最後組合 3 與 4 建立的定義，完成程式。

以「重複無限次」積木包圍「移動到食指尖」積木及「出現墨水」積木。按下綠旗，開始執行程式後，影片的透明度變成「50」，可以同時在攝影機顯示自己的手指和在舞台書寫的文字或線條。

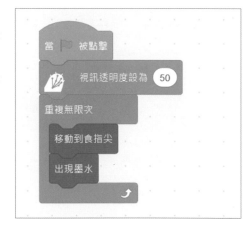

≫ 實際操作

完成程式後，請立刻開始執行程式。試著挑戰能否像用真的筆墨般寫出漂亮的文字。

你可能必須注意手指方向才能準確辨識，或要掌握訣竅才能寫好文字。相對地，給別人看沒有寫好的文字，讓對方猜一猜，當作猜謎遊戲，也很有趣。

≫ 其他應用

用黑色以外的顏色寫字也不錯呢！

除了食指之外，其他手指也可以寫字的話呢？比方說，中指寫出紅字，無名指寫出藍字，每根手指都會出現不同色彩，這樣應該很好玩吧！

如果能用手勢控制墨水出現或消失，應該也不錯。

 使用 PoseNet2Scratch 可以取得眼、鼻、手、腳等身體各個部位的座標，這些部位都能取代畫筆喔！結合手寫數字辨識功能（第 83 頁），或許可以用來辨識用筆書寫的數字。

1-4 數位 3D 卡

使用「PoseNet2Scratch」擴充功能，可以偵測觀看畫面者的位置，讓排列在舞台上的角色隨著視線移動，製作出宛如 3D 空間般有著遠近感的數位卡。

觀看者的視線由左往右移動時，畫面中的畫也會跟著移動！

這種卡片很棒吧！看起來很立體呢！

眞的耶！有好多層剪紙，紙張本身是平面的，卻能產生立體感，實在很厲害！卡片內的世界看起來很寬廣，Scratch 也可以做到嗎？

應該可以喔！卡片中重疊的一層一層圖畫就像是 Scratch 的角色對吧？將多個角色重疊在一起，讓角色跟著視線移動，應該可以做出這種效果喔！

≫ 思考作法

1. 製作放在卡片內的各層圖畫。
2. 使用「PoseNet2Scratch」取得視線座標。
3. 移動視線時，各層的風景也會移動。

≫ 完整程式圖

「近景」的程式

「中景」的程式

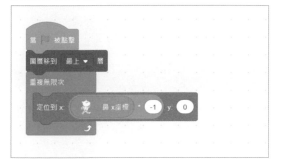

「遠景」的程式

「Ball」的程式

使用的擴充功能	作用
PoseNet2Scratch	辨識觀看者的視線位置（鼻子位置）。

準備的角色	作用
近景（新增）	最上層。
中景（新增）	中層。
遠景（新增）	最下層。
Ball	顯示鼻子位置的角色。
Dinosaur1	在「中景」角色新增造型「dinosaur1-a」。

載入舞台的背景	作用
Jurassic	成為「近景」、「中景」、「遠景」角色的材料，並當作背景的一部分。

建立的變數、清單	作用
無	

POINT

這個程式在「Jurassic」背景中，建立了以下四個角色與背景。

● 「近景」角色

● 「中景」角色

● 「遠景」角色

● 背景

≫ 進行學習

這次「PoseNet2Scratch」將使用完成學習的模型，不需要進行學習，立刻開始建立程式吧！

≫ 建立程式

1 繪製卡片的圖畫

在舞台載入「Jurassic」背景。這次將使用這個圖畫製作 3D 卡。

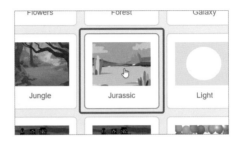

切換「背景」標籤，開啟繪圖編輯器。

這個背景影像可以選取各個物件，分別移動、縮放。

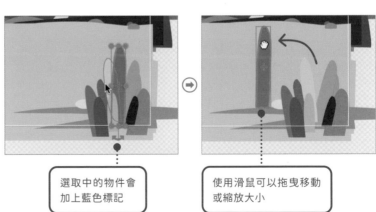

選取中的物件會加上藍色標記

使用滑鼠可以拖曳移動或縮放大小

從這個背景影像中取出物件，建立三個角色（請參考第 52 頁），當作數位 3D 卡中各層內的物件。

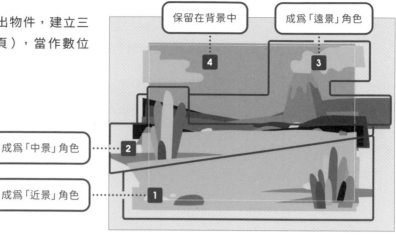

保留在背景中 **4**

成爲「遠景」角色 **3**

成爲「中景」角色 ······ **2**

成爲「近景」角色 ······ **1**

❶ 建立「近景」角色

使用選取工具選取近景 **1** 的物件，然後剪下（[Ctrl] + [x]），在「選個角色」開啟建立新角色的畫面，把剛才剪下的物件貼至造型中，並將角色名稱改為「近景」。

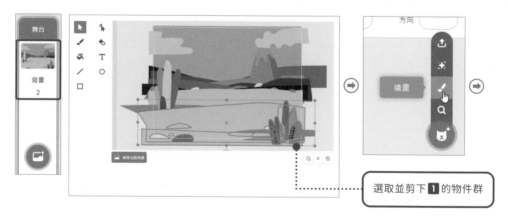

選取並剪下 **1** 的物件群

開啟「造型」標籤並貼上物件

將角色名稱改爲「近景」

想選取多個物件時，可以使用滑鼠拖曳選取範圍，就能一次選取虛線內的物件。

一次選取虛線內的物件

選取了多餘物件，或想增加物件時，請按住 [Shift] 鍵不放並按一下想減少（或增加）的物件，就能取消或增加選取。

按住 [Shift] 鍵不放並按一下多餘的部分

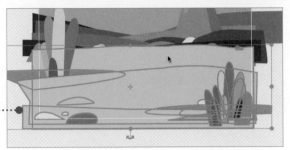

② 建立「中景」與「遠景」角色

按照相同方式，使用 **2** 的物件群建立「中景」角色，使用 **3** 的物件群建立「遠景」角色，舞台背景只留下 **4** 的物件群。

● 「中景」角色

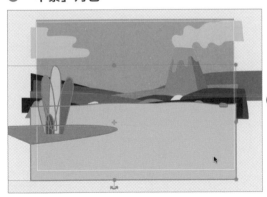

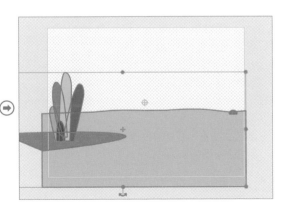

● 「遠景」角色

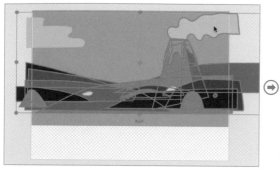 

● 背景中剩餘的物件

POINT

在代表各層的角色中，還可以利用造型庫增加圖案，例如，在「中景」角色新增恐龍。開啟「造型」標籤，在左下方的「選個造型」中選取「Dinosaur1-a」。

增加造型後，複製並貼至造型 1，接著調整大小。

調整成合適的大小

056

❸ 調整各個角色的重疊順序與大小

最後要設定舞台上的重疊順序，三個角色都設定成座標（0,0），統一位置。

「近景」的程式

「中景」的程式

「遠景」的程式

2 選擇擴充功能

載入「PoseNet2Scratch」擴充功能。按下畫面左下方的「添加擴展」鈕，開啟「選擇擴充功能」畫面，選取「PoseNet2Scratch」擴充功能。

Posenet2Scratch
PoseNet2Scratch Blocks.

需求　　　　合作者
📶　　　　 champierre

POINT

如果出現了請求允許使用攝影機的畫面，請按下「允許」。

3 建立代表視線的角色

PoseNet2Scratch 可以從攝影機拍到的影像中，辨識身體的部位，推測姿勢，取得關節、臉孔等身體各個部位在舞台上的 x、y 座標，我們可以把該座標當作「視線位置」。

載入代表視線的角色「Ball」。

將尺寸設定成 10%，顯示成小
點，並持續移動「鼻座標」。雖然
可以設定成「眼睛座標」，不過這
樣就得分別設定右眼與左眼。所以
這一次選擇大致位於雙眼中間位置
的鼻座標，讓程式變得比較簡單。

4 思考移動視線時，各層角色的位置關係

請思考移動視線時，各層的位置關係。準備兩個小物品放在桌
上，試著將視線往左或往右移動，觀察看到的東西會出現何種變
化。右圖範例使用了兩顆 3 號電池。

在桌上以直立方式放置兩顆電池

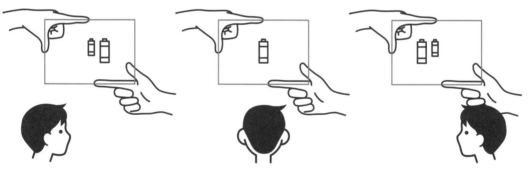

視線往左移動時，眼前的物體會
往右移動

視線在正中央時，物體會在中央
重疊

視線往右移動時，眼前的物體會
往左移動

觀察視線與物體的位置，可以瞭解以下兩點。

- 視線移動的方向與物體位置的變化相反
- 靠近（眼前）視線的物體，移動幅度較大，遠離（遠處）視線的物體，移動幅度較小

把移動視線仍固定不動的物體放在最遠處，就會成為移動位置的基準點，比較容易瞭解其他
物體的移動狀態，這次 4 背景就是扮演這種角色。

5 以程式表現各層角色的動作

首先要建立近景角色的動作，把「近景」的 x 座標變成鼻子的 x 座標。

「近景」的程式

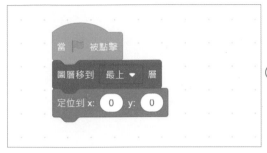 

左右移動視線，結果角色卻朝著和視線一樣的方向移動。為了讓角色往反方向移動，乘上「−1」，使其反轉。

這樣角色就會往視線相反方向移動。

接下來要建立角色 2、3 的動作。愈遠的角色，移動幅度愈小，因此反轉用的數字要設定成「−0.5」與「−0.2」，而不是「−1」。請測試實際的動作狀態再調整數字。

「中景」的程式   **「遠景」的程式**

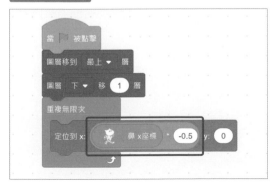 

最後要調整背景的視訊透明度。使用「視訊透明度設為 50」積木，透明度的範圍介於 0 到 100，請依照個人喜好進行調整。請先放在代表鼻子位置的「Ball」角色程式中的「當綠旗被點擊」下方即可。

「Ball」的程式

這樣就完成了。

≫ 實際操作

左右移動視線，確認畫面如何變化。

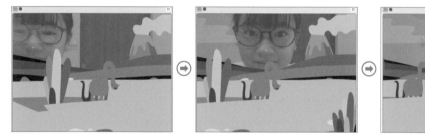 

假如座標不固定，導致畫面搖晃時，在程式內加入「1-3 空中寫字」介紹過的線性補間（第 45 頁），就比較不會晃動。

≫ 其他應用

 我想製作結合了音樂的卡片。

 放置會四處移動的角色應該會很有趣吧！

 還有沒有其他的立體效果呢？

 除了左右移動視線之外，連視線上下移動也會產生反應的話呢？

 同時使用 X 座標與 Y 座標，讓角色隨著視線移動，應該可以做到。試試看能不能增加立體感。

 有了立體感，看起來比較震撼。比方說，當臉靠近畫面，角色就會愈來愈大之類的…。

 如果想表現出深入空間的遠近感，必須知道視線與畫面的距離。PoseNet2Scratch 沒有 Z 座標（深度），得計算兩點之間的距離。例如，右眼與左眼的距離是愈接近畫面愈大，愈遠離畫面愈小喔！

專欄

偵測觀看者的視線，藉此展現立體感的螢幕及影像技術

VR 空間及 3D 內容的表現效果愈來愈進步，就連顯示裝置（螢幕）也開始使用這種技術。
例如，Sony 的「ELF-SR1」會利用內建在螢幕中的感測器，隨時偵測觀看者的視線，傳送最適合左右眼的影像，不用戴上特殊眼鏡或頭戴式裝置，就能展現立體效果。
此外，現在也開發出結合 3D 投影機與偵測視線位置的感測器，投射 VR 空間的技術等 [※]。
不論哪一種，都是利用左右眼的視覺差異來增加立體感，偵測觀看者的視線變化，同時產生 3D 內容。這個原理和此次的 3D 卡是一樣的。

[※]「Portalgraph」（https://www.portalgraph.com/）

使用可以即時偵測身體各部位位置的「PoseNet2Scratch」擴充功能，建立計算現場人數，並顯示圖表的程式。這次將每隔 5 分鐘用攝影機偵測人數並顯示圖表。

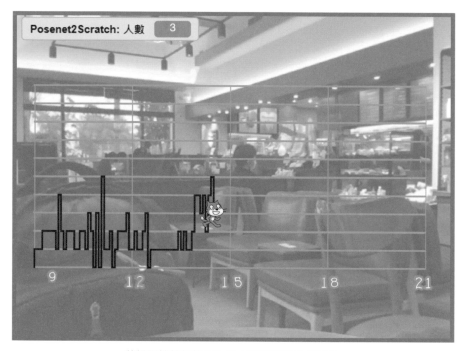

將攝影機拍攝範圍內的人數即時顯示成圖表

校慶時要展示作品，但是老師說「一間教室不能擠進太多人」，可不可以製作出立刻知道現場人數的機制呢？

可以偵測人體的紅外線感測器雖然也常用在家用照明上，但是如果與感測器之間有點距離、人靜止不動、或因陽光造成溫度變化過大的場所就不適用。

嗯…，如果用攝影機拍攝，透過機器學習計算人數呢？PoseNet2Scratch 應該具備不論遠近或動作，都可以辨識攝影機拍到的人，計算人數的功能吧！

≫ 思考作法

1. 決定圖表的垂直軸與水平軸範圍，繪製格線。
2. 從攝影機拍到的影像中，取得電腦偵測到的人數。
3. 將取得的人數繪製成圖表，並在清單中儲存該數值。

≫ 完整程式圖

「貓咪」的程式

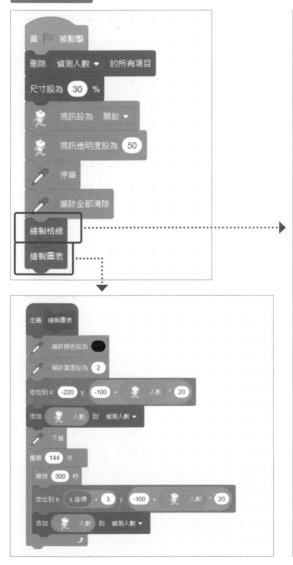

● 必要項目

使用的擴充功能	作用
PoseNet2Scratch	計算攝影機拍攝範圍內的人數。
畫筆	繪製圖表的格線及圖表。

準備的角色	作用
貓咪	辨識人數，繪製圖表（修改最初的「Sprite1」名稱，並沿用該角色）。
Glow-1、Glow-2、Glow-5、Glow-8、Glow-9	顯示在圖表座標軸標籤的數字，沒有程式。
時、人數（新增）	顯示在圖表座標軸標籤的文字，沒有程式。

建立的變數	作用
x 座標	代表格線或圖表位置的座標。
y 座標	代表格線或圖表位置的座標。

建立的清單	作用
偵測人數	儲存偵測到的人數。

≫ 進行學習

這次「PoseNet2Scratch」將使用完成學習的模型，不需要進行學習，立刻開始建立程式吧！

≫ 建立程式

1 ▶ 選擇擴充功能

載入「PoseNet2Scratch」與「畫筆」擴充功能。按下畫面左下方的「添加擴展」鈕，開啟「選擇擴充功能」畫面，選取「PoseNet2Scratch」與「畫筆」擴充功能。

POINT

如果出現了請求允許使用攝影機的畫面，請按下「允許」。

Posenet2Scratch
PoseNet2Scratch Blocks.

需求　　　　　合作者
🛜　　　　　champierre

畫筆
使用你的角色來畫圖。

2 ▶ 初始化

準備繪製圖表的格線與圖表。

利用 PoseNet2Scratch 的積木開啟視訊，設定透明度，之後要用畫筆繪製格線與圖表，因此先設定停筆並清除所有內容。另外，建立「偵測人數」清單，先刪除所有項目。

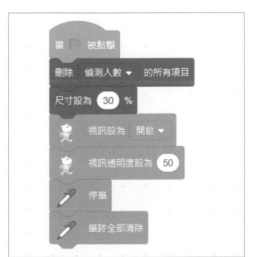

建立變數
☐ 偵測人數

POINT

清單不用顯示在舞台上，請先取消該項目。

3 繪製圖表的格線

定義繪製圖表格線的積木。

這次的圖表是以「時間」為 x 軸,「人數」為 y 軸。首先要決定圖表的大小。

PoseNet2Scratch 最多可以偵測到 10 個人,因此這次將使用可以偵測到最多 10 人的裝置。y 軸的最大值是 10,圖表的水平軸要繪製 11 條線,代表 0 ～ 10 個人。

x 軸設定成想偵測人數的時間範圍,這個範例要偵測早上 9 點到晚上 21 點,因此繪製代表每 3 個小時的 5 條垂直線。

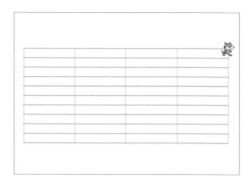

① 繪製橫線

一開始先繪製格線的橫線。邊移動座標,邊重複繪製直線,並準備變數「x 座標」與「y 座標」。

建立定義「繪製格線」的積木,先設定畫筆的粗細與顏色。在線條的起點下筆,並於終點停筆,可以在兩者之間畫出直線。

在變數「y 座標」設定「−100」當作最初繪製直線位置的初始值。

在重複處理中,x 座標設定為「−220」,當作起點下筆,x 座標設定為「212」,當作終點停筆。變數「y 座標」的值增加 20,重複 11 次。

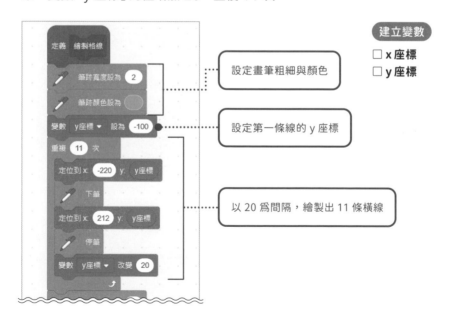

建立變數
- ☐ x 座標
- ☐ y 座標

設定畫筆粗細與顏色

設定第一條線的 y 座標

以 20 為間隔,繪製出 11 條橫線

❷ 繪製直線

接著要繪製格線的直線。在❶建立的積木定義增加以下程式。

準備以 3 小時為間隔的 5 條直線。在已經繪製的橫線中，線條的 x 座標開始位置為「−220」，因此這裡也把變數「x座標」設定為「−220」當作開始位置。

在重複處理中，y 座標設定為「−100」，當作起點下筆，y 座標設定為「100」，當作終點停筆。變數「x座標」的值增加 108，重複 5 次。

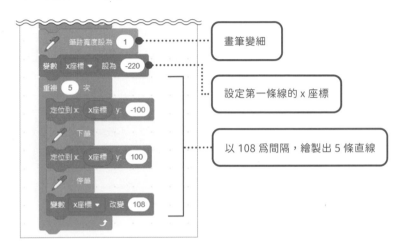

畫筆變細

設定第一條線的 x 座標

以 108 為間隔，繪製出 5 條直線

❸ 插入座標軸標籤

完成繪製圖表格線的積木後，按一下執行，在舞台繪製格線。為了讓圖表容易瞭解，請先插入座標軸標籤及代表單位（「人數」與「時」）的標籤。座標軸是載入數字角色（輸入關鍵字「number」搜尋就可以找到），縮小成適當尺寸，並拖放至適當位置。這次要計算 9 點開始 12 個小時的人數並繪製圖表，結果如下所示。單位標籤要利用「繪畫」建立新角色，並使用「文字」工具完成。

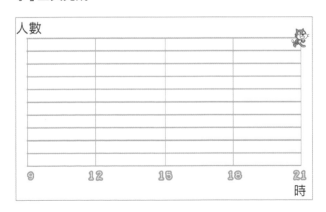

4 繪製圖表

接著要定義把 PoseNet2Scratch 偵測到的人數變成圖表的積木。

首先設定開始繪製圖表的地方（x 座標為「−220」，y 座標為「−100」）。接著設定圖表的顏色與粗細，開始下筆。

假設在上午 9 點到晚上 21 點之間（43,200 秒），每 5 分鐘（300 秒）繪製一次圖表，除了 9 點第一次繪圖之外，還要在圖表繪製 43,200÷300 ＝ 144 次。在程式設定座標（移動畫筆）並等待 5 分鐘（300 秒），再「重複 144 次」。

這次圖表的 x 座標介於−220 到 212，範圍為 432，除以繪圖 144 次，x 方向的間隔為 3。

y 座標介於−100 到 100 之間，範圍為 200。步驟 **3** - **1**，每隔 20 繪製橫線，所以只要在 0 人的位置（y 座標「−100」）加上「偵測人數 ×20」，設定為 y 座標即可。

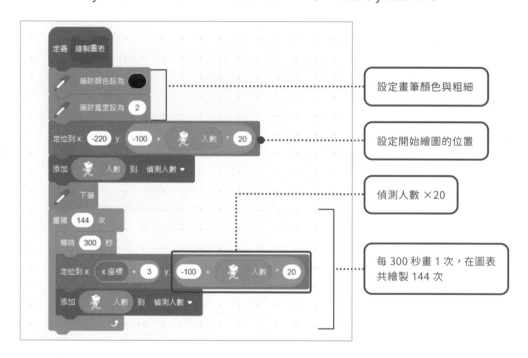

設定畫筆顏色與粗細

設定開始繪圖的位置

偵測人數 ×20

每 300 秒畫 1 次，在圖表共繪製 144 次

POINT

這次使用「等待～秒」積木，每 5 分鐘執行一次處理，但是如果重複處理的內容很花時間，或重複次數較多時，這種方法會逐漸產生時間落差。

在筆者的實驗中，這個程式執行 12 個小時，實際上會在 12 個小時 18 秒結束處理。重複 1 次（除了「等待 300 秒」之外）約產生 0.125 秒的處理時間。

如果想提高準確度，可以使用「偵測」中的「計時器」積木或時間積木（「目前時間的年 / 月 / 日 / 週 / 時 / 分 / 秒」）。利用計時器取得並計算啟動開始後經過多少時間，如果目前的時間可以被 5 整除，就執行處理。

5 完成程式

完成定義繪製格線與繪製圖表的積木後，加入執行「初始化」的程式中就完成了。

在舞台畫面中，顯示「Posenet2Scratch：人數」面板，比較容易瞭解偵測人數時的狀態。

> Posenet2Scratch: 人數　　0

≫ 實際操作

完成程式後，請試著在聚集一定人數的場所執行看看，比方說家中的客廳或學校的教室等。

視狀況調整「繪製圖表」積木中「等待○秒」的值，或圖表的座標軸標籤，寫出適合你身邊場所的程式。此外，第 70 頁將介紹在清單中增加數值的應用方法。

≫ 其他應用

這次利用圖表讓偵測到的人數比較容易瞭解，但是只要調整資料輸出的
方式，或許能有更多用法喔！

偵測到的人數會記錄在清單內，之後整合成 CSV 資料再下載，應該可以
變成表格或運用在研究上喔！

PoseNet2Scratch 也可以取得偵測者的眼睛或鼻子「座標」，利用這一
點，在畫面上加上圓點，應該能知道「哪個地方比較擁擠」吧？！

▶ 匯出清單資料並載入試算表

以下將介紹把儲存在程式中、「偵測人數」清單內的值，運用在 Google 試算表的方法。
儲存在清單內的值，能以 CSV 格式下載，即使沒有在舞台上繪製圖表，只要在清單中儲
存資料，之後也能以不同觀點統計分析每日人數的變化。

① 在舞台顯示「偵測人數」清單，在名稱部分按右
鍵，執行「匯出」命令。

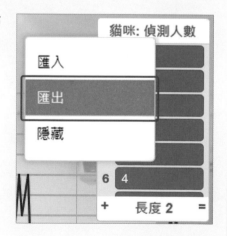

❷ 在下載的資料夾內，會匯出名爲「偵測人數 .txt」的檔案。這個檔案儲存了清單內的值。

❸ 接著在「Google 試算表」開啟新的試算表，執行「檔案→匯入→上傳」命令，上傳剛才儲存檔案。

❹ 在「匯入檔案」畫面中，匯入剛才上傳的檔案。

⑤ 完成匯入後，「偵測人數」會顯示在工作表內。

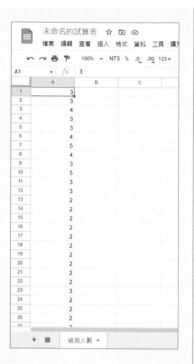

⑥ 只要在這些值加上時間欄，Google 試算表也能建立圖表。Microsoft Excel 同樣可以匯入檔案。

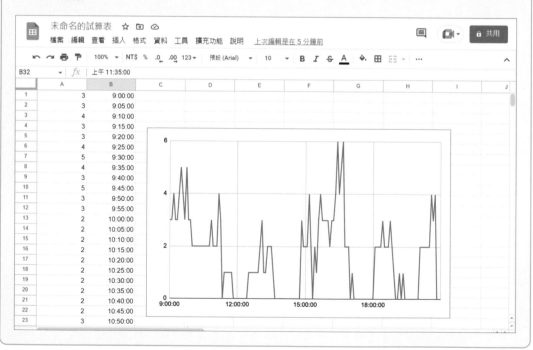

2 章

影像辨識專案

這一章要介紹使用辨識影像功能的專案，裡面整理了各種讓電腦學習攝影機拍攝到的影像，並進行判斷的應用方法。包括讓機器判斷人類肉眼很難分辨的物體，或在電腦畫面之外，實際驅動有引擎的車子，以及除了攝影機的影像，還使用「ML2Scratch」學習 Scratch 的舞台畫面功能。這一章準備了各式各樣的創意，包括對日常生活有幫助的實用點子，有趣的遊戲，可以滿足想完成某件事的好奇心等。請參考這些創意，發揮想像力，思考影像辨識有何運用，創造出屬於你的原創作品。

既然要讓電腦辨識影像，不如利用影像辨識，讓電腦判斷人類肉眼難以分辨的東西，這樣應該會很方便。這次將使用具有顯微鏡功能的網路攝影機，測試電腦是否能分辨人類肉眼無法判斷的細節。

> 乍看之下不曉得有何差別…

讓電腦判斷人類肉眼無法一眼看出差異的東西

> 既然要讓電腦辨識影像，選擇人類肉眼看不出差異的東西比較好吧！

> 何不試試這個吧？這是能用 USB 連接的顯微鏡攝影機，用法和網路攝影機一樣喔！

> 似乎很有趣！要辨識什麼呢？嗯，乍看之下一樣，但是用顯微鏡檢視卻可能不一樣的東西……，比方說吐司？

≫ 思考作法

1. 使用 ML2Scratch，建立學習兩種吐司影像的程式。
2. 使用具有顯微鏡功能的網路攝影機（或智慧型手機的特寫鏡頭等），學習兩種吐司的影像。
3. 確認是否能分辨兩種吐司。

≫ 完整程式圖

「貓咪」的程式

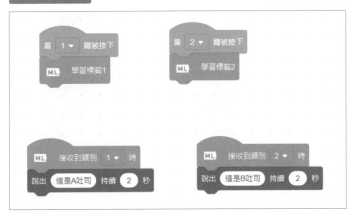

● 必要項目

使用的擴充功能	作用
ML2Scratch	學習並辨識兩種吐司影像。

準備的角色	作用
貓咪	輸入學習程式並說出判斷結果（修改最初的「Sprite1」名稱，並沿用該角色）。

建立的變數、清單	作用
無	

其他必備素材、材料、器材等	作用
外接式 USB 顯微鏡攝影機（或智慧型手機的特寫鏡頭、或可以拍攝特寫的網路攝影機）	特寫吐司。如果沒有顯微鏡攝影機，也可以利用有特寫功能的外接式網路攝影機，或在網路攝影機加裝智慧型手機的特寫鏡頭代替。 筆者使用了以下設備。 https://www.amazon.co.jp/dp/B07BF86SRP
A 吐司	標籤「1」學習的吐司。
B 吐司	標籤「2」學習的吐司。

≫ 建立程式

1 選擇擴充功能

　載入「ML2Scratch」擴充功能。按下畫面左下方的「添加擴展」鈕，開啟「選擇擴充功能」畫面，選取「ML2Scratch」擴充功能。不論選擇 ML2Scratch 或 TM2Scratch，都可以完成這個範例。這次使用 ML2Scratch 確認辨識效果及縮短重複學習的週期。

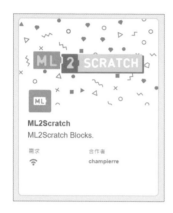

ML2Scratch
ML2Scratch Blocks.

需求　　　　合作者
🛜　　　　　champierre

> **POINT**
>
> 如果出現了請求允許使用攝影機的畫面，請按下「允許」。

2 準備顯微鏡攝影機，建立學習程式

　這次要使用外接式顯微鏡攝影機，而不是電腦內建的網路攝影機。請先將顯微鏡攝影機連接到電腦上，完成準備工作。

> **POINT**
>
> 使用智慧型手機用的特寫鏡頭(在相關商店可以買到)時，只要像這樣夾在攝影機上即可。

開啟 Stretch3 的瀏覽器網址列右側的攝影機標示，利用設定畫面切換成外接式顯微鏡攝影機，再重新載入 Stretch3。

在一開始準備的貓咪角色建立以下程式碼。這是按下「1」鍵時，學習標籤 1，按下「2」鍵時，學習標籤 2 的程式。

第一次學習時，會出現提醒訊息，如右圖所示，按下「確定」鈕後，請別一直點擊，等待片刻。顯示在舞台上的攝影機影像會停止一會，重新開始動作之後，無須等待就可以開始學習。

結束確認工作後，請按一下右圖的積木，刪除測試資料。這次不加上事件積木，只在必要時，按一下執行該積木，避免操作錯誤。

　　勾選「標籤數量 1」、「標籤數量 2」左邊的核取方塊，可以在舞台上確認標籤的拍攝張數，這樣就能瞭解究竟學習了多少張影像。此外，也先勾選「標籤」核取方塊，藉此瞭解攝影機拍攝影像的判斷結果。

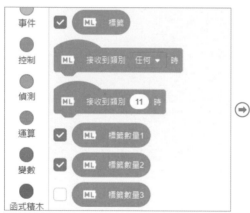
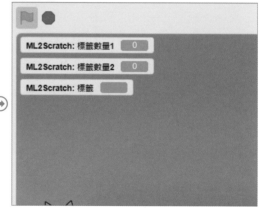

　　執行標籤分類時，希望貓咪說出判斷結果，所以利用程式碼增加台詞，這樣就完成了。

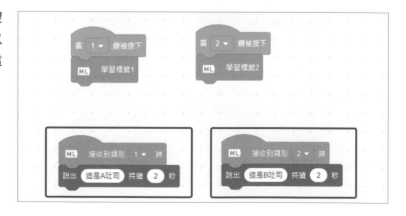

≫ 進行學習

接著立刻開始學習吐司影像。請準備兩種不同商店製作的吐司。將舞台畫面最大化，讓攝影機的影像變得容易辨識。

把兩種吐司排在一起，其中一片吐司為標籤「1」，另一片吐司為標籤「2」，開始學習。

你可以隨機拍攝任何位置，但是這次為了能拍攝到整個表面，把吐司分成幾個區塊，如右圖，分別拍攝 25 張影像，進行學習。

首先用顯微鏡攝影機拍攝標籤 1 的吐司，同時按下「1」鍵，進行學習。拍完 25 張影像後，同樣以顯微鏡攝影機拍攝標籤 2 的吐司並按下「2」鍵，學習 25 張影像。

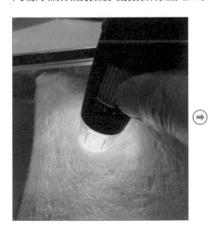

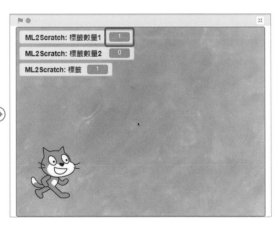

≫ 實際操作

　　學習 25 張影像後，請試著用攝影機拍攝吐司，確認是否能分辨不同種類的吐司。

　　影像辨識是根據哪個標籤的準確度較高而產生結果，有時電腦可能無法正確分辨。此時，請稍微移動攝影機的位置，稍待片刻。

　　假如無法成功辨識，也可以不統一標籤 1 與標籤 2 的學習張數，試著多學習準確度較低的吐司。

　　如果能正確分辨這次學習的吐司，代表能從各個影像中，辨識兩種吐司的特色差異。

　　將吐司翻面，確認是否能辨識尚未學習過的那一面，或測試是否能辨識同一包裝內的其他片吐司。

　　筆者的實驗結果是，分別學習 30 ～ 40 張影像，就能分辨標籤 1 與標籤 2 的吐司。

POINT

部分外接式鏡頭可以調整焦距。確認對焦位置後，盡量固定高度，以相同距離、相同條件拍攝物體。

≫ 其他應用

應該還有人類的肉眼很難分辨，但是透過顯微鏡攝影機或特寫鏡頭辨識影像，就可以分辨的例子吧！比方說，鹽和糖、指紋、不同地方的土或沙子？

除了使用顯微鏡攝影機之外，也可以思考讓電腦比較容易辨識影像的方法，例如局部特寫，或改變學習影像的焦點。

我也同樣用兩種吐司進行實驗，可是為什麼不成功呢，是不是攝影機沒有對到焦啊？

可能是學習樣本數量少，或原本分辨的物體並沒有很大差異。拍攝條件也可能影響辨識結果。工廠內的產品檢測區已經在研究，依照要辨識的物體，改變拍攝條件及影像處理，藉此提高準確度的方法。

專欄

進步的機器之眼

　　目前工廠內的生產線，已採用結合攝影機與影像處理，稱作「機器視覺 (Machine Vision)」的生產管理方法，但是整合機器學習、AI 技術之後，可以進一步提升準確度。電腦的網路攝影機只能拍到人類肉眼看到的影像，但是機器視覺是使用熱像儀 (將溫度視覺化)、紅外線攝影機 (可以在黑暗處攝影)、單色相機等特殊感測器，在辨識影像之前，先進行影像處理，如套用濾鏡或裁剪影像，依照辨識對象提高準確度。

　　電腦上執行的影像辨識，應該也可以改變攝影條件，加入影像後製處理來提高準確度。

- **重視形狀**：利用燈箱逆光拍攝，形成剪影，突顯形狀。
- **重視顏色**：固定照明條件，只特寫表面。

只要依照想分辨的物體進行調整，再透過 ML2Scratch 及 TM2Scratch 的影像辨識功能，就能分辨各式各樣的物體。

ML2Scratch 使用「下載學習資料」積木,可以把已經學習完畢的分類模型下載至電腦存檔。

按一下這個積木,設定下載檔案的位置,按下「存檔」鈕,會以「〈數字串〉.json」儲存學習資料。存檔之前,請更改檔名,讓檔案名稱比較容易瞭解。

已經儲存的學習資料可以透過「上傳學習資料」積木上傳。按一下這個積木,開啟「上傳學習資料」視窗,按下「選擇檔案」鈕,選取學習資料「〈數字串〉.json」,再按下「上傳」鈕。請注意,按下按鈕後,就會上傳目前已經學習的資料。

假設建立了你的臉孔是標籤 1,朋友的臉孔是標籤 2 的學習資料。如果要將下載了此分類模型的檔案複製至其他電腦,可以開啟 ML2Scratch,上傳分類模型,這樣該電腦也能分類你和你朋友的臉孔。儲存在電腦上的學習資料是以 json 格式存檔,使用文字編輯器開啟,就能瀏覽內容。檢視內容,可以發現裡面是排列了大量數值的資料。儲存在檔案內的數值是用來分類的資料,這些數值無法重新顯示你或你朋友的臉孔照片。人工智慧 (AI) 與機器學習在社會上的運用愈來愈廣,日後可能會衍生出如何處理這種分類模型資料的問題。

辨識手寫數字

建立可以用電腦判斷舞台上手寫數字的程式。

由電腦猜測手寫了哪個數字

辨識手寫數字是機器學習領域經常處理的問題喔！

應該是用「ML2Scratch」的影像辨識功能，大量學習手寫數字之後，電腦就可以辨識數字吧？這裡有紙跟筆，馬上就來寫寫看。

哎呀，雖然可以在紙張上手寫數字，但是 ML2Scratch 也可以學習／判斷舞台畫面喔！

這樣嗎？那就用滑鼠在舞台上寫數字，讓電腦學習看看吧？

≫ 思考作法

1. 利用像素書寫數字。
2. 學習手寫數字。
3. 判斷手寫數字。

≫ 完整程式圖

「方格」的程式

「貓咪」的程式

「舞台」的程式

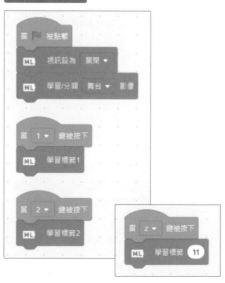

● 必要項目

使用的擴充功能	作用
ML2Scratch	學習 / 辨識舞台上的手寫數字。

準備的角色	作用
方格（新增）	書寫數字時，代表一個像素。書寫後為黑色，沒有書寫時為白色。
貓咪	說出判斷結果（修改最初的「Sprite1」名稱，並沿用該角色）。

載入舞台的背景	作用
Xy-grid-20px	20×20 格的方格紙。

建立的變數、清單	作用
無	

≫ 建立程式

1️⃣ 利用像素書寫數字

在 ML2Scratch 的說明頁面（https://github.com/champierre/ml2scratch）中介紹了在舞台上使用「畫筆」擴充功能辨識書寫數字的範例。

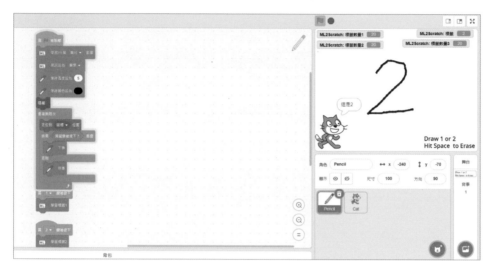

這個範例是用筆書寫數字影像「1」或「2」，再由貓咪說出判斷結果。先進行在舞台上書寫數字的機器學習，之後再辨識新寫的數字。這種方法可以辨識手寫數字，但是為了減少學習所需要的影像張數，因而採取以填滿粗方格紙的方格來書寫數字的方法。

舞台的寬度是 480 像素，長度是 360 像素，如果要直接用筆在舞台上書寫數字，必須學習 480×360 = 172,800 個方格是黑或白的資料，這樣會非常麻煩。

因此改準備 20×20 個方格，在長寬分別包括 16 個（16×16 = 256 個）正方形的畫面書寫數字，減少學習資料量，這樣比較容易判斷，準確度也較佳。

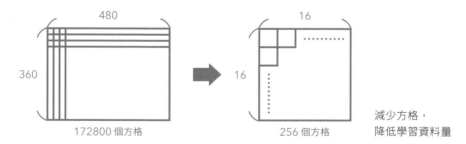

❶ 改變背景

開啟 Stretch3，為了清楚瞭解以 20×20 個方格填滿舞台的狀態，所以將背景改成每邊有 20 像素（px）的方格紙。請在「選擇背景」畫面，選取「Xy-grid-20px」。

Xy-grid-20px

❷ 建立 20×20 像素的方格角色

接著準備 20×20 像素的方格角色。在角色畫面選取「繪畫」，建立填滿黑色的正方形，如下圖。

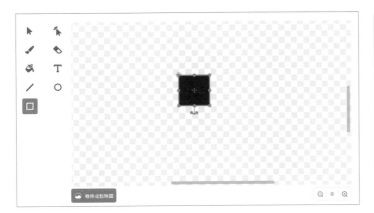

POINT

在造型編輯器的背景中，一格是 4×4 像素，所以每邊長度為 5 格，就會變成 20×20 像素的方格角色。

如果要執行精密操作，請按一下右下方的放大鏡圖示，放大畫面。

利用左邊的造型清單確認大小，將尺寸調整成 20×20。此外，請將正方形的左上角重疊在造型畫面的中心標誌（⊕）上。

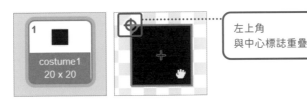

左上角
與中心標誌重疊

準備白格與黑格兩個造型。完成黑格之後，請「複製」該造型，並填滿白色。全白的方格與白色背景同色，無法清楚分辨，因此請設定成顏色：0、彩度：0、亮度：95，變成微灰的白色。

造型分別命名為「白格」與「黑格」。

❸ 建立程式

切換成「程式」標籤，組合出如右圖的程式，填滿白色方格。

按下綠旗，切換成白格造型，x 座標變成－160，y 座標變成 160，移動至方格的預設位置。接著往水平及垂直方向分別建立 16 個自己的分身，讓畫面布滿正方形。

排完最後一列，下一列只剩下一個原始方格，所以最後要設定為「隱藏」。在「當綠旗被點擊」積木後面加上「顯示」積木，讓方格在下次執行程式時可以出現。

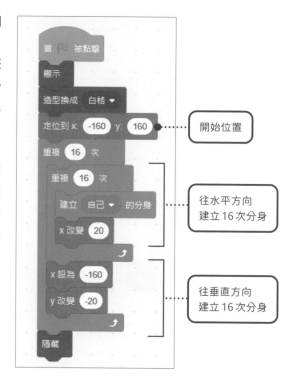

在「當分身產生」積木準備以下的處理內容。當滑鼠游標移入方格並按下時，切換成黑格。

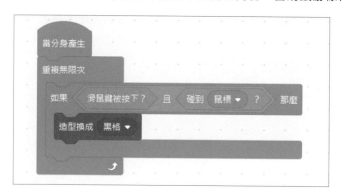

當空白鍵被按下時，方格的造型切換成白格，恢復原狀，清除書寫的數字。

請按下綠旗，開始執行程式。在檢視程式的畫面中執行程式，用滑鼠書寫數字時，可能不小心誤拖曳到方格，因此請務必顯示成全螢幕再開始執行程式。確認是否可以在白色方格繪製的 16×16 正方形上，使用滑鼠書寫數字，如右圖所示。

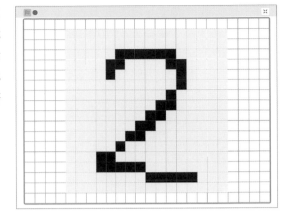

確認可以書寫數字後，請利用機器學習來學習手寫數字。

》 進行學習

使用可以學習舞台影像的 ML2Scratch 功能，學習手寫數字。

1 選擇擴充功能

載入「ML2Scratch」擴充功能。按下畫面左下方的「添加擴展」鈕，開啟「選擇擴充功能」畫面，選取「ML2Scratch」擴充功能。

2 建立學習手寫數字的程式

開啟「舞台」的程式標籤，新增程式，如下一頁的截圖。

在「當綠旗被點擊」積木後面疊上「視訊設為關閉」積木，關閉原本顯示在舞台中的攝影機影像。接著疊上「學習 / 分類舞台影像」積木，把舞台影像當作學習、分類的對象，而不是攝影機影像。

在「當 1 鍵被按下」積木疊上「學習標籤 1」積木，在「當 2 鍵被按下」積木疊上「學習標籤 2」積木。當你按下 1 或 2 的數字鍵，就會分別加上對應的標籤，可以學習影像。

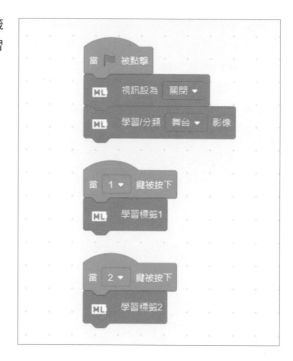

3 學習數字

如右圖所示，寫出數字「1」之後，按下數字鍵「1」，當作標籤 1 進行學習。

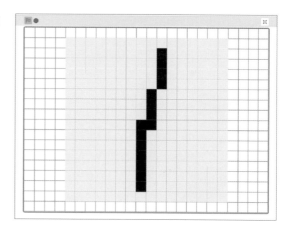

學習之後，按下空白鍵，恢復原始的舞台狀態，這些步驟請重複 10 次，每次寫出不同類型的數字「1」，可以完成能適應不同變化的機器學習模型。

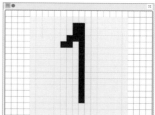

在重複執行這些步驟的過程中，如果忘記究竟學習了幾張影像，可以勾選「標籤1數量」旁的核取方塊。

舞台左上方會顯示「標籤1數量」，如右圖所示。這張圖是剛好學習了10張「1」影像的時候。請先取消「標籤數量1」旁的核取方塊。

接著數字「2」也按照相同步驟執行10次。如右圖所示，書寫數字「2」之後，按下數字鍵「2」，當作標籤2進行學習，再按下空白鍵，恢復原始畫面，重複執行上述步驟。

和標籤1一樣，勾選「標籤數量2」積木旁的核取方塊，可以確認已經學習的影像數量

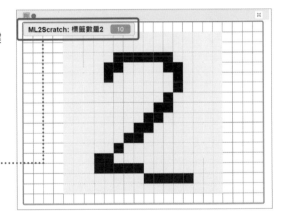

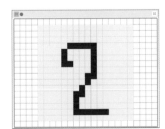

4 學習不屬於任何數字的狀態

以上雖然學習了「1」與「2」，但是在這種狀態下，不論哪種影像，都會強制分類成「1」或「2」。例如，在舞台上沒有寫出任何數字的狀態，電腦也會判斷成「1」或「2」。

因此必須學習沒有寫出任何數字的狀態，或不屬於這兩個數字的狀態。

在舞台新增右圖的程式，按下「z」鍵時，會學習影像當作「標籤 11」。

下圖左邊是沒有寫出任何數字的狀態，下圖右邊寫了不屬於任何數字的內容，按下「z」鍵，當作「標籤 11」進行學習。

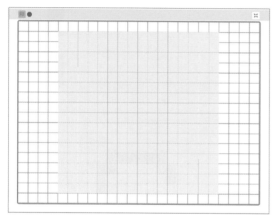
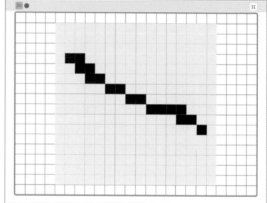

POINT

雖然標籤 11 的「標籤數量 11」旁沒有核取方塊，但是按下積木，會出現目前已有幾張影像當作標籤 11 學習完畢的對話框。

5 判斷手寫數字

勾選「標籤」積木旁的核取方塊，如右圖所示。

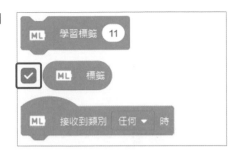

按下空白鍵，清除舞台上的數字，之後試著寫出「1」或「2」，確認舞台上的「標籤」變數值是否顯示了正確的判斷結果，如右圖所示。

確認之後，請取消「標籤」積木旁的核取方塊。

最後增加讓貓咪說出判斷結果的程式。在貓咪角色組合右圖的程式，判斷為「1」時，就說出「這是 1」，判斷為「2」時，說出「這是 2」。假如不是「1」也不是「2」，不會說出任何內容。

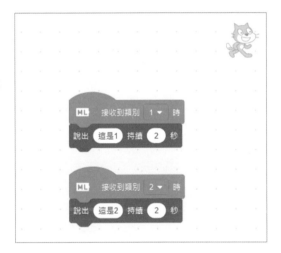

≫ 實際操作

　　這樣就完成由貓咪說出手寫數字判斷結果的程式。請試著在舞台上寫出「1」或「2」，測試貓咪是否能做出正確判斷。

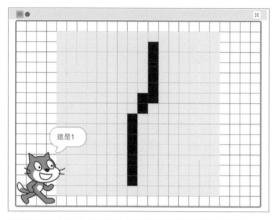
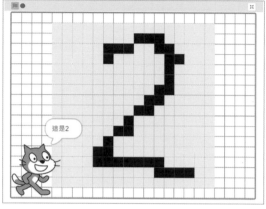

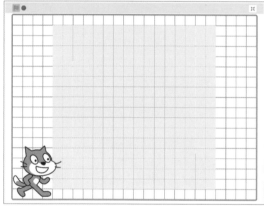

≫ 其他應用

我想讓電腦學習其他數字！中文、英文也可以學習嗎？

 利用「標籤 3」到「標籤 9」學習數字「3」到「9」，而「0」用「標籤 10」學習看看！

 這樣就能製作出可以辨識「0」到「9」手寫數字的程式了！請調查哪種文字比較容易辨識，哪種文字在何種情況下容易辨識錯誤。

時尚穿衣鏡

機器學習可以學會穿搭品味嗎？使用攝影機拍攝每天的穿著，學習穿衣風格，是否能完成可以自動判斷服裝風格的鏡子呢？請利用影像辨識實驗看看。

這是拍攝服裝，就能確認穿衣風格的鏡子。請透過每日學習，完成掌握個人品味的鏡子

雖然每天早上挑選衣服都很匆忙，但是我很在意自己穿的服裝會不會很奇怪，好不看。

Kikka 早上都起不來（笑）。如果有出門前照一下，就能立刻說出「很好看！」或「普普通通」的鏡子，應該很棒！

平常就透過影像辨識，讓電腦學習各種穿搭風格，之後當攝影機拍到服裝時，電腦或許就能判斷給人的印象喔！

≫ 思考作法

1. 使用 Scratch 建立可以分類幾種攝影機影像的程式。
2. 在出門前方便檢查服裝的位置，設定電腦與網路攝影機（也可以使用含攝影機的平板電腦），當作拍攝全身的穿衣鏡。
3. 每天用網路攝影機拍攝服裝，取代鏡子，學習穿衣風格。

≫ 完整程式圖

「酷帥」的程式

「獨特」的程式

「繽紛」的程式

「Dee」的程式

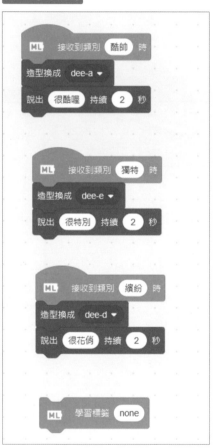

● 必要項目

使用的擴充功能	作用
ML2Scratch	學習、判斷每日服裝風格。

準備的角色	作用
酷帥（新增）	學習「酷帥」服裝時，按下的按鈕。
獨特（新增）	學習「獨特」服裝時，按下的按鈕。
繽紛（新增）	學習「繽紛」服裝時，按下的按鈕。
Dee	判斷鏡中服裝風格的角色。

建立的變數、清單	作用
無	

其他必備素材、材料、器材等	作用
網路攝影機與電腦 （或含攝影機的平板電腦）	當作鏡子，用來拍攝全身。

≫ 進行學習

首先要思考向電腦展示服裝時，以何種分類進行判斷。標籤分類沒有限制，但是選擇可以表達服裝印象的詞彙，如「酷帥」、「獨特」、「繽紛」、「高雅」等，比較好用，建議從三種類別開始測試。

時尚穿衣鏡要學習的是每日穿搭的服飾，不用事先準備學習資料，因此請先完成程式與裝置。

POINT

假設準備「酷帥」、「獨特」、「繽紛」、「高雅」等四個標籤，ML2Scratch 的內部會分別計算各個標籤的準確度，如「酷帥」是 66%，「獨特」是 33%。此時，將以「標籤」積木傳回準確度最高的標籤結果。

≫ 建立程式

1 選擇擴充功能

載入「ML2Scratch」擴充功能。按下畫面左下方的「添加擴展」鈕，開啟「選擇擴充功能」畫面，選取「ML2Scratch」擴充功能。這個程式為了邊檢視判斷結果，邊繼續學習，而選擇了 ML2Scratch。

ML2Scratch
ML2Scratch Blocks.

需求　　　　合作者
📶　　　　　champierre

POINT

如果出現了請求允許使用攝影機的畫面，請按下「允許」。

2 **建立分類按鈕角色**

這次要準備「酷帥」、「獨特」、「繽紛」等三個分類標籤。在舞台上建立「酷帥」、「獨特」、「繽紛」三種按鈕角色。

你可以選擇「繪畫」，從頭開始建立角色，或利用「選個角色」，搜尋按鈕影像，再加上文字及表情符號。

POINT

各個 OS 顯示表情符號的方式可能不一樣，同樣的表情符號，也可能因為不同的 OS 而有外觀上的差異。

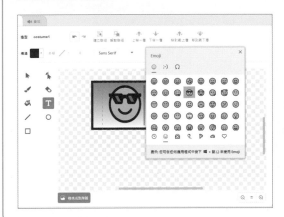

3 ▶ 建立學習各個分類標籤的程式

建立按下各個按鈕時，學習「酷帥」、「獨特」、「繽紛」標籤的程式。這裡使用的是「學習標籤〔11〕」積木。除了數字之外，你也可以把任何字串當作標籤名稱，程式會變得比較容易瞭解。

「酷帥」的程式　　　　　　　　「獨特」的程式　　　　　　　　「繽紛」的程式

4 ▶ 放置提供意見的角色

建立可以對鏡中服裝提供意見的角色「Dee」。從「選個角色」中選取「Dee」。

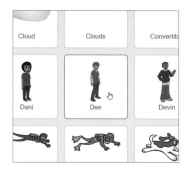

　　在程式輸入執行標籤分類時，希望 Dee 說的台詞。攝影機影像的分類結果為「酷帥」、「獨特」、「繽紛」時，會產生反應的程式如右圖所示。除了提出意見之外，也可以切換成不同造型。你應該每天都很期待看到它吧！

　　此外，還要學習攝影機前沒有人的狀態（原因請參考第 92 頁）。這裡也放置了學習無人標籤「none」的積木。

≫ 實際操作

和鏡子一樣，請把電腦與網路攝影機（或平板電腦）架設在每天出門前，容易檢視服裝儀容的位置。攝影機拍到的影像會影響學習與分類，因此每天都要放在相同位置。

利用鏡頭拍下每天穿著的服裝，選擇該服裝的風格，讓電腦學習。

首先，必須利用「無人狀態」學習背景。請按下「Dee」角色的「學習標籤〔none〕」積木 20 次，學習背景。背景學習完畢後，立刻拍攝每天出門前的服裝，並按下符合該風格的按鈕，讓電腦學習。

Dee 會判斷攝影機拍到的服裝是「酷帥」、「獨特」，還是「繽紛」，並說出意見。

剛開始未必可以做出符合預期的判斷，但是學習一段時間之後，應該會逐漸與你的感覺一致。假如不成功的話，請檢視以下學習時的注意事項。

- **有沒有改變姿勢？**：電腦會學習攝影機拍到的整個影像，所以必須注意拍攝時的姿勢。每天盡量維持相同姿勢，讓電腦學習只有服裝不同的影像，就能判斷服裝的差異。
- **是否學習足夠的影像數量？**：以「ML2Scratch」進行影像辨識時，每個標籤都學習 20 張影像，就能進行分類。剛開始需要花一點時間讓電腦學習。
- **是否改變背景或光源？**：注意避免可能改變整體印象的背景及光源變化。在有陽光的場所，白天與夜晚的影像風格會變得不一樣。

▶ 更方便的技巧

利用以下技巧，可以讓每天使用時，變得更方便。

- **改變畫面的方向：** Scratch 的舞台畫面是 4：3，接近正方形，為了盡量讓全身包含在畫面內，可以考慮改成縱長型。將按鈕及人物轉 90 度，畫面與攝影機也改成垂直方向。
- **使用無線滑鼠及鍵盤：** 使用觸控式 Chromebook 或內建攝影機的平板電腦時，要一邊讓攝影機拍攝全身，一邊操作畫面按鈕比較困難。此時，改用無線滑鼠，就能執行按鈕操作。如果使用的是無線鍵盤，只要把「當角色被點擊」積木改成「當…鍵被按下」積木即可。

製作 micro:bit 遙控器

以下要介紹把 micro:bit 當作遙控器使用，取代無線滑鼠與鍵盤的方法。

以大於 micro:bit 的尺寸裁切瓦愣紙，製作成襯紙，上面也可以寫上按鈕說明

準備項目

☐ **micro:bit (版本不拘)**
https://switch-education.com/products/microbit/

☐ **micro:bit 用的電池盒 (含蓋子與開關)**
https://switch-education.com/products/microbit-battery-cage/

● 步驟

❶ 在電腦上安裝 Scratch Link，再把「Scratch micro:bit HEX」檔案匯入 micro:bit。以下網址可以下載該檔案。

> Scratch - micro:bit
> https://scratch.mit.edu/microbit

❷ 載入「micro:bit」擴充功能。

MicroBit More
Play with all functions of micro:bit.

需求　　　　　　合作者
🅱　　　　　　　Yengawa Lab

❸ 只要在各個角色建立以下程式，不使用畫面上的按鈕，在遠處也可以透過 micro:bit 進行學習。

「酷帥」的程式

「獨特」的程式

「繽紛」的程式

≫ 其他應用

我想在周圍加上可愛的裝飾，就像真的鏡子一樣！

還可以製作出「是否戴好口罩的檢查裝置」。

電腦在判斷男性服裝與女性服裝時，方法會不一樣嗎？

對耶！仔細想想，每個人對「酷帥」、「獨特」的標準都不一樣。別人製作的時尚穿衣鏡，會把我的服裝判斷成什麼風格呢？

你們發現重點了！酷帥、獨特是由誰決定的呢？在現實世界裡，利用機器學習分類時，一定要注意到演算法偏差（algorithmic bias）喔！

請使用影像辨識，建立無法跨越停止線的「自動煞車系統」。現實世界裡的汽車，可以使用車載攝影機及感測器，但是這個範例只在車子加裝用通訊控制的馬達，在外部設置辨識影像的攝影機，拍攝車子的狀態。

學習在停止線前停車，測試車上沒有裝上感測器，也會自動煞車的方法

我非常喜歡車子，很想製作用機器學習驅動的汽車。

我聽說有種「AI自駕車」，就像用AI（人工智慧）自動操縱無線遙控車一樣。

我也曾在網路上看過！確實，AI自駕車是在車上加裝攝影機及感測器，利用學習結果自動駕駛，但是車子本身必須大量加工，而且要花很多錢才能做出一台車，非常不容易。

在車子加上裝置可能很難，但是電腦已經內建了網路攝影機。我們就用外側拍到的影像，學習車子停止及行駛的狀態吧？

≫ 思考作法

1. 利用舞台影像分類車子可以前進的狀態及必須停車的狀態。
2. 依照各個狀態建立讓車子「前進」與「停止」的程式。
3. 建立控制車子的程式，用車輛重新學習。

≫ 完整程式圖

「Conver tible 2」的程式

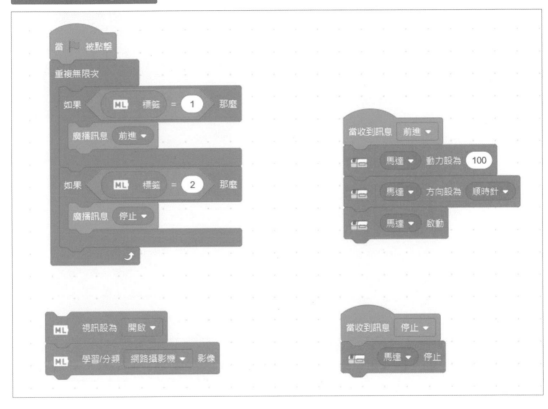

● 必要項目

使用的擴充功能	作用
ML2Scratch	學習、判斷車子是「可以前進的狀態」或「必須停止的狀態」。

準備的角色	作用
Convertible 2	在畫面上模擬車子的角色。

建立的變數、清單	作用
無	

其他必備素材、材料、器材等	作用
以 WeDo 2.0 製作的車子（使用 WeDo 以外的車子時，請參考第 115 頁）	實際驅動的車子。依照馬達旋轉方向前進、後退。
網路攝影機	可以使用電腦內建的攝影機，不過外接式攝影機在架設時，比較有彈性。
紙膠帶	製作車子的停止線。

≫ 建立程式（畫面上）

1 選擇擴充功能

載入「ML2Scratch」擴充功能。按下畫面左下方的「添加擴展」鈕，開啟「選擇擴充功能」畫面，選取「ML2Scratch」擴充功能。這個範例在測試過舞台上的影像辨識後，會切換成攝影機的影像辨識，所以這次選用可以學習舞台影像的 ML2Scratch。

ML2Scratch
ML2Scratch Blocks.

需求   合作者
📶   champierre

> **POINT**
>
> 如果出現了請求允許使用攝影機的畫面，請按下「允許」。

2 建立電腦上的模擬程式

使用實際車子測試之前，先在電腦上的舞台畫面中模擬。如右圖所示，在 Stretch3 的舞台背景畫上紅線，並載入車子角色。

在舞台的「背景」標籤中，靠近舞台右邊的位置，使用方形繪圖工具建立紅線。

選取「選個角色」中的「Convertible 2」，當作車子角色。

建立進行學習的程式。這裡要學習舞台上的影像而不是攝影機的影像，所以視訊設為「關閉」，學習分類設定為「舞台」影像。

標籤 1 設定成「可以前進的狀態」，標籤 2 設定成「必須停止的狀態」，同時建立可以用各個按鍵操作進行學習的程式（以下範例是按下「1」鍵學習標籤 1，按下「2」鍵學習標籤 2）。

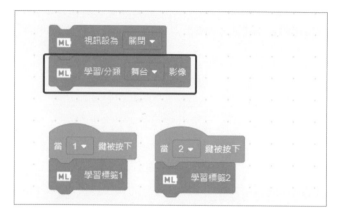

接著要建立車子的程式。整體重複無限次，在裡面設定取得標籤 1、標籤 2 時的動作。

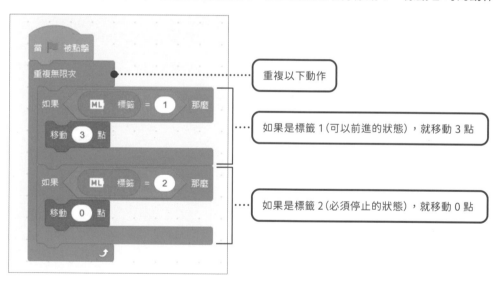

108

≫ 進行學習（畫面上）

在舞台上拖放移動車子角色，同時按下「1」鍵或「2」鍵，學習標籤「1」及標籤「2」。分別學習 20 張影像左右。

● 標籤 1（可以前進的狀態）範例

把車子放在不會碰到紅線的位置，學習「可以前進」的狀態。

● 標籤 2（必須停止的狀態）範例

把車子放在碰到紅線的位置，學習「必須停止」的狀態。

請把綠車位置拖放至左邊，點擊綠旗，進行測試。車子會緩緩筆直前進，碰到紅線就停止嗎？
假如不成功，請增加以下學習內容。

- 在遠離紅線的位置就先停止 → 利用該處學習標籤 1
- 超過紅線（沒有停止）→ 把車子拖曳至碰到紅線的位置，學習標籤 2

成功之後，請試著改變車子的起點，進行測試。
這樣就可以透過影像辨識，讓車子前進與停止了。

≫ 製作裝置

準備項目

☐ **WeDo 的馬達（Power Motor M）、 智慧積木集線器**
☐ **組裝車子所需的 LEGO 積木**

以下建立的程式可以驅動使用了馬達的迷你車，這裡以 WeDo 2.0 來說明，但是只要是能用
Stretch3 的擴充功能控制的車子（LEGO EV3/Boost、micro:bit more、Scratch2Maqueen
等），都可以進行測試（第 115 頁將說明如何控制以其他機器製作的車子）。

利用 WeDo 2.0 組合積木與元件，製作出用一顆馬達就能驅動輪子的車子。

≫ 建立程式(實機)

為了方便後續調整,先把剛才建立的車子程式整理成右圖的狀態。把使用訊息積木廣播「前進」與「停止」的程式移出主程式。

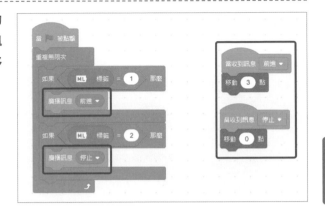

準備連接 Stretch3 與 WeDo。首先要在電腦安裝 Scratch Link,請參考以下網址。

Scratch - LEGO Education WeDo 2.0
https://scratch.mit.edu/wedo

在 Stretch3 載入擴充功能「LEGO　Education WeDo 2.0」,就會出現以下畫面,請開啟 WeDo 智慧積木集線器,如果出現「裝置已連線」,代表連線成功。

使用啟動馬達的積木，實際驅動車子並找出前進方向。請在「當收到訊息前進」積木下方加上該處理（可以移除第 111 頁建立的「移動 3 點」積木）。

接著將停止馬達的積木疊在「當收到訊息停止」積木的下方（可以移除第 111 頁建立的「移動 0 點」積木）。

POINT

第 115 頁介紹的其他機器，同樣只改變此訊息積木下方的程式。使用訊息積木執行處理，比較容易瞭解畫面上模擬的原型切換成實機或其他機器時，程式更動的部分。

≫ 進行學習（實機）

1 畫線並架設攝影機

確認有足夠的空間讓車子前進，並在另一頭使用紙膠帶畫線。如果你使用的是筆記型電腦或平板電腦內建的攝影機，請利用椅子或櫃子，讓攝影機可以完整拍到車子行駛時的空間。若能使用外接式網路攝影機，搭配腳架或實驗用的架子，隨意改變攝影機的方向比較方便喔！

● **使用三腳架及網路攝影機的架設範例**

● **使用平板電腦內建攝影機的架設範例**

2 使用實機進行學習

決定攝影機的位置後，按下「重置所有量」積木，先清除第 109 頁執行過的學習記錄，使用 WeDo 製作的車子，再次學習標籤 1 與標籤 2。按下以下積木，改學習攝影機的影像。

● 標籤 1（可以前進的狀態）範例

把車子放在不會碰到藍線的位置，學習「可以前進」的狀態。

● **標籤 2（必須停止的狀態）範例**

把車子放在碰到藍線或超過藍線的位置，學習「必須停止」的狀態。

≫ 實際操作

分別學習 20 張影像，試著驅動 WeDo 的車子。車子是否在藍線前停下來？如果沒有，請試著加上其他學習內容，就像在電腦畫面上測試時一樣。

≫ 其他應用

如果在車子裝上攝影機，就需要電腦及電源，這樣會變得很龐大。

卽使沒有在車子裝上感測器與攝影機，透過創意，也能製作出自動停車系統！除此之外，有沒有同樣能以影像辨識控制的裝置呢？

或許可以製作出自動門！比方說，學習當人靠近時的影像，建立開門的程式。

▶ 使用其他機器的範例

除了 WeDo 之外，其他裝置也可以驅動車子。以下要介紹幾個程式範例，假如你手邊有該裝置，請試試看。

● **LEGO MINDSTORM EV3**

連線：必須安裝 Scratch Link。請參考以下網址進行連線。

Scratch - LEGO MINDSTORMS EV 3
https://scratch.mit.edu/ev3

程式：載入「LEGO MINDSTORMS EV 3」擴充功能，程式如下所示。

● LEGO BOOST

連線： 必須安裝 Scratch Link。請參考以下網址進行連線。

Scratch - LEGO BOOST
https://scratch.mit.edu/boost

程式： 載入「LEGO BOOST」擴充功能，程式如下所示。

● micro:bit

連線： 必須安裝 Scratch Link。此外，先在 micro:bit 載入「Microbit More」連線用的 hex 檔案（按下 Microbit More 網頁中的「micro:bit program」鈕）。

Microbit More
https://microbit-more.github.io/

程式： 載入「Microbit More」擴充功能，建立以下程式。筆者搭配 switch education 的「bitPak:Minicar」，製作了車子。

---
bitPak:Minicar

https://switch-education.com/products/bitpak-minicar/

MicroBit More
Play with all functions of micro:bit.

需求　　　　　合作者
🅱　　　　　Yengawa Lab

2-5 尋物遊戲

使用影像辨識擴充功能「ImageClassifier2Scratch」，製作尋物遊戲。按下空白鍵後，遊戲開始。玩家從身邊找出貓咪指定的 5 個物品，並顯示在攝影機前，比賽找到所有物品所花費的時間。

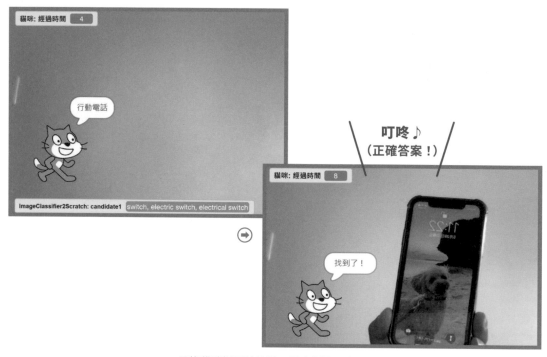

尋找貓咪提問的物體，並立刻拍下來！

能不能讓電腦檢視影像並進行判斷，製作出運動會的借物比賽遊戲呢？

ImageClassifier 不用讓電腦學習，就能辨識各種物品喔！

究竟如何辨識物品呢？來製作看看吧！

≫ 思考作法

1. 建立遊戲中的尋物清單。
2. 從攝影機拍到的物品取得電腦推測的選項。
3. 比對電腦的推測結果與尋找的物品。

≫ 完整程式圖

「貓咪」的程式

主程式

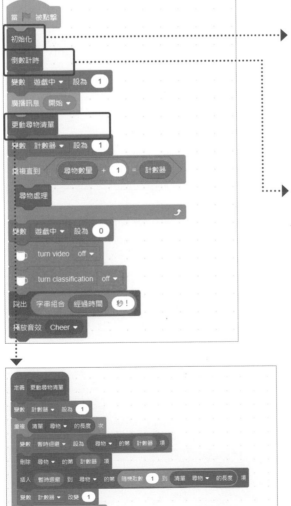

承上主程式

重複直到 　尋物數量 ＋ 1 ＝ 計數器

尋物處理

變數 遊戲中 ▾ 設為 0

turn video off ▾

turn classification off ▾

說出 字串組合 經過時間 秒！

播放音效 Cheer ▾

定義 尋物處理

變數 找到 ▾ 設為 0

說出 文字 尋物 ▾ 的第 計數器 項 翻譯成 中文(繁體) ▾

等待直到 找到 ＝ 1 或 跳過 ＝ 1

如果 找到 ＝ 1 那麼

播放音效 Doorbell ▾

說出 找到了！ 持續 2 秒

變數 跳過 ▾ 設為 0

變數 計數器 ▾ 改變 1

遊戲開始的處理

當收到訊息 開始 ▾

重複直到 遊戲中 ＝ 0

播放音效 Drum Satellite ▾ 直到結束

當收到訊息 開始 ▾

重複直到 遊戲中 ＝ 0

等待 1 秒

變數 經過時間 ▾ 改變 1

判斷影像辨識選項

when received classification candidates

如果 字串 candidate1 包含 尋物 ▾ 的第 計數器 項 ？ 那麼

變數 找到 ▾ 設為 1

跳過時

當 s ▾ 鍵被按下

如果 尋物數量 ＜ 清單 尋物 ▾ 的長度 那麼

說出 跳過！ 持續 2 秒

變數 尋物數量 ▾ 改變 1

變數 跳過 ▾ 設為 1

否則

說出 遊戲結束！ 持續 2 秒

停止 全部 ▾

120

● **必要項目**

使用的擴充功能	作用
ImageClassifier2Scratch	辨識攝影機拍到的物品。
翻譯	把 ImageClassifier2Scratch 辨識的物品名稱翻譯成中文。

準備的角色	作用
貓咪	尋物的出題者（修改最初的「Sprite1」名稱，並沿用該角色）。

建立的變數	作用
計數器	顯示開始遊戲前的倒數計時 / 現在是第幾題。
遊戲中	顯示是否在遊戲中。
跳過	顯示使用者是否跳過該題。
暫時迴避	用來變動清單順序的部分。
經過時間	顯示遊戲開始後經過多少時間。
找到	顯示使用者是否找到物品。
尋物數量	顯示出題數量。

建立的清單	作用
尋物	事先準備尋物名稱。

其他必備素材、材料、器材等	作用
Cheer（音效）	最後的歡呼聲。
C Elec Guitar（音效）	倒數計時的音效。
C2 Elec Guitar（音效）	開始遊戲時的音效。
Drum Satelite（音效）	遊戲中的背景音效。
Doorbell（音效）	答對時的音效。

≫ 進行學習

這次「ImageClassifier2Scratch」將使用完成學習的模型，不需要進行學習，立刻開始建立程式吧！

≫ 建立程式

1 選擇擴充功能

載入「ImageClassifier2Scratch」與「翻譯」擴充功能。按下畫面左下方的「添加擴展」鈕，開啟「選擇擴充功能」畫面，選取「ImageClassifier2Scratch」與「翻譯」擴充功能。

ImageClassifier2Scratch
Image Classifier Blocks.

需求　　　　合作者
📶　　　　　champierre

翻譯
將文字訊息翻譯為各國語言。

需求　　　　合作者
📶　　　　　Google

> **POINT**
>
> 如果出現了請求允許使用攝影機的畫面，請按下「允許」。

2 準備尋物清單

建立遊戲中要使用的尋物清單。先按下變數積木的「建立一個清單」，建立新的「尋物」清單。

在「尋物」清單中，先輸入 ImageClassifier2Scratch 推測結果的字串，比較容易比對電腦的推測結果與尋找的物品。

試著把身邊的某個物品顯示在電腦的攝影機前,看看 ImageClassifier2Scratch 的推測結果。在這些選項中,把準確度高的物品(顯示為 candidate1)當作「尋物」問題輸入清單內。假如在 ImageClassifier2Scratch 的選項內,顯示了以逗號分隔的多個單字,只要把其中之一(例如下圖是指「remote control」)加入清單即可。輸入大量物品可以增加出題的廣度,讓尋物遊戲變得更有趣,不過剛開始請先輸入 10 個物品。

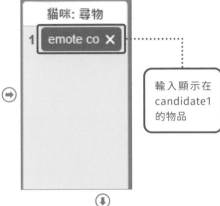

POINT

背景盡量別拍到其他物品,較能提高辨識的準確度。

POINT

利用積木也可以增加清單內的選項。請準備以下這個暫時使用的積木,找到想新增的選項後,按一下執行即可。

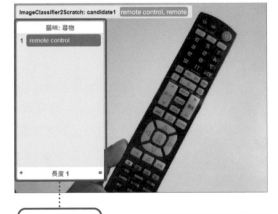

將身邊 10 個不同的物品輸入清單內(右圖)。

3 組合遊戲的流程

根據遊戲流程組合程式。

這個作品使用了 Stretch3 預先提供的音效。

以下將詳細介紹這個程式的結構。

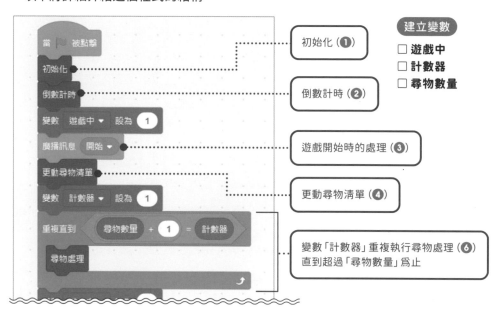

- 初始化（❶）
- 倒數計時（❷）
- 遊戲開始時的處理（❸）
- 更動尋物清單（❹）
- 變數「計數器」重複執行尋物處理（❻）直到超過「尋物數量」為止

建立變數
- ☐ 遊戲中
- ☐ 計數器
- ☐ 尋物數量

❶ 初始化

在「初始化」積木中，執行開始遊戲時的必要處理與設定。

利用 ImageClassifier2Scratch 的積木，將視訊及影像辨識設為開啟，讓遊戲中使用的變數初始化。在變數「尋物數量」中，設定遊戲的出題數量（以「尋物」清單的長度為上限）。

建立變數
- ☐ 經過時間
- ☐ 跳過

124

❷ 倒數計時

準備讓遊戲更逼真的「倒數計時」積木。

顯示簡單的遊戲說明後,按下空白鍵,就會出現開始遊戲前的倒數計時音效。

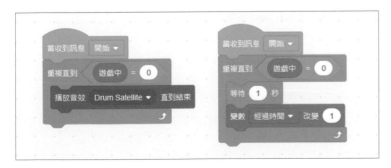

❸ 遊戲開始時的處理

取得訊息「開始」之後,建立兩個執行處理的積木。

變數「遊戲中」為 1 時,不斷播放背景音效(這個範例選擇「Drum Satelite」)。另一個變數「經過時間」持續增加 1 秒,計算到遊戲結束為止的時間。

❹ 更動尋物清單

變動「尋物」清單，讓每次尋物都依照不同順序出題。

從頭開始把「尋物」清單內儲存的值逐一複製至變數「暫時迴避」中。複製之後，將該值從「尋物」清單中刪除。接著把複製至變數「暫時迴避」的值，以「亂數」（隨機位置）插入「尋物」清單，重新放入清單內。

這個處理只重複「尋物的長度」，藉此改變清單的內容。

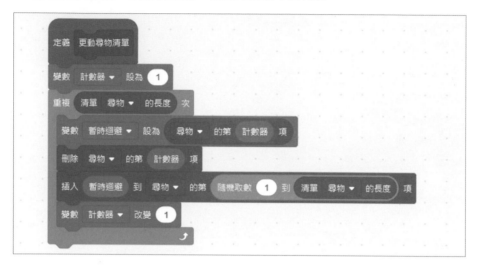

建立變數
☐ **暫時迴避**

❺ 判斷影像辨識選項

使用 ImageClassifier2Scratch 的「when received classification candidates」積木，辨識攝影機拍到的物品，比對電腦推測的選項與「尋物」清單。

假如準確度最高的「candidate1」包含在尋物清單中，把變數「找到」設為 1。

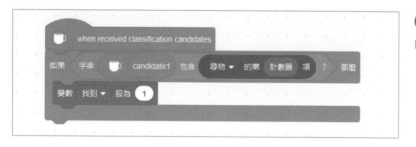

建立變數
☐ **找到**

❻ 尋物處理

在「尋物處理」中，從清單開頭依序取出尋找的物品，翻譯成中文，讓貓咪出題。

在影像辨識選項的判斷處理中，變數「找到」設為 1，或變數「跳過」（將在❼說明）設為 1 時，增加「計數器」。這項處理中的「計數器」設定了目前顯示第幾題的值，一直重複直到變數「尋物數量」＋ 1 ＝「計數器」為止。

❼ 跳過

準備跳過功能，以因應身邊找不到「尋物」題目要找的物品。

按下「s」鍵時，或「尋物」清單有剩下的題目時，把變數「跳過」設為 1，進入下一題。跳過時，若「尋物」清單內沒有剩下的題目，遊戲結束。

4 **建立結束遊戲的處理**

當變數「計數器」超過「尋物數量」時，結束遊戲。

將變數「遊戲中」設為 0，停止以訊息「開始」執行的背景音效，不再增加經過時間。

持續執行影像變數會造成電腦負擔，所以讓「視訊」及「影像辨識」停止，顯示經過時間，結束遊戲。

≫ 實際操作

完成程式後，請立刻試玩遊戲。在舞台畫面顯示變數「經過時間」與「ImageClassifier2Scratch: candidate1」面板，先隱藏「尋物」清單，並把出題者「貓咪」放在一邊，避免干擾畫面。

顯示了錯誤的物品時，貓咪不會說出「找到了！」（維持出題狀態），請找出正確的物品。

請一併測試跳過題目的功能。答對 5 題之後，遊戲結束，貓咪會說出一共花了多少時間。

哪些物品可以成功辨識？哪些物品無法辨識？更改或增加儲存在清單內的物品，可以調整遊戲的難度。

≫ 其他應用

ImageClassifier2Scratch 不需要學習，比較輕鬆，但是使用 TM2Scratch 或 ML2Scratch，可以學習特定物品，應該能設計出原創尋物遊戲。

TM2Scratch 也能學習聲音，除了物品之外，或許還可以製作出「尋音遊戲」？

聽起來很有趣！請試試看！

依食材搜尋料理

你是否曾有過一時之間想不出組合家中食材能做出什麼料理的經驗？請試著建立程式，不用翻閱食譜或搜尋網路，把食材顯示在攝影機前，就會出現用該食材能製作的料理名稱。

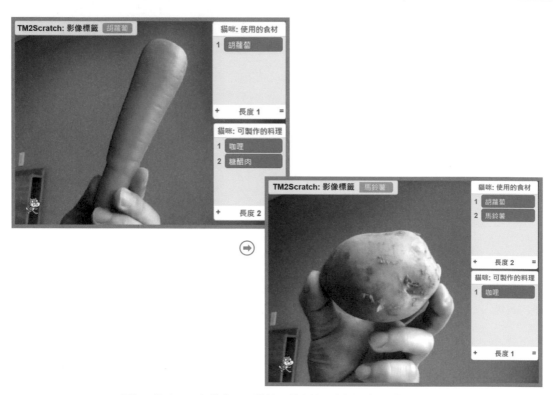

例如，依序顯示胡蘿蔔→馬鈴薯，就會篩選出料理名稱「咖哩」

昨天晚上，我媽媽身體不舒服，所以我說「讓我來做晚餐！」，可是看到冰箱內的食材，一時之間想不出可以做什麼料理。

確實如此。如果可以當場告訴我們用冰箱內的食材能做什麼料理或食譜，就很方便。

這種未來冰箱或許能用機器學習製作出來喔！請試著運用影像辨識，製作出依照食材顯示料理名稱的程式吧！

≫ 思考作法

1. 建立食材與料理名稱的清單。
2. 從攝影機拍到的物品取得電腦推測的食材名稱選項。
3. 比對食材名稱與料理名稱,如果一致,就顯示可以製作的料理名稱。

≫ 完整程式圖

「貓咪」的程式

初始化處理

接收到影像標籤時的處理

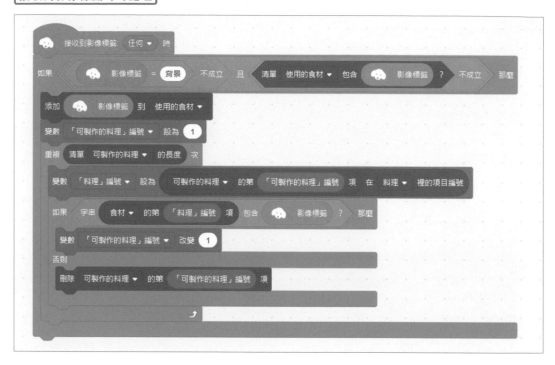

● **必要項目**

使用的擴充功能	作用
TM2Scratch	學習、分類食材影像。

準備的角色	作用
貓咪	編寫學習程式碼（修改最初的「Sprite1」名稱，並沿用該角色）。

建立的變數	作用
「可製作的料理」編號	控制程式中的重複處理或設定清單編號。
「料理」編號	控制程式中的重複處理或設定清單編號。

建立的清單	作用
可製作的料理	設定可製作的料理名稱。
使用的食材	先放入 TM2Scratch 取得的影像標籤 (食材)。
食材	輸入程式中料理使用的食材名稱。
料理	輸入程式中使用的料理名稱。

其他必備素材、材料、器材等	作用
幾項食材	希望顯示在選單中的料理食材。

≫ 進行學習

ML2Scratch 與 TM2Scratch 都可以製作出這個範例。這次只要設定網址，就可以使用儲存在雲端的學習模型，因此選擇使用 TM2Scratch。

1 ▶ 準備食材

首先準備學習用的食材。這次準備了「洋蔥」、「馬鈴薯」、「胡蘿蔔」、「青椒」、「白蘿蔔」，組合食材時，可以製作出多種料理。

2 ▶ 學習食材影像

利用 Teachable Machine 建立學習食材影像的模型。使用瀏覽器（建議使用 Google Chrome）開啟 Teachable Machine，按下「開始使用」。

Teachable Machine

https://teachablemachine.withgoogle.com/

在新增專案畫面中，選取「圖片專案」。

在「新增圖像專案」選取「標準圖像模型」。

❶ 建立背景影像樣本

建立訓練學習模型用的「食材」與「背景」影像樣本。首先，在 Class1 建立「背景」的影像樣本。

學習各種背景才能精準辨識食材。

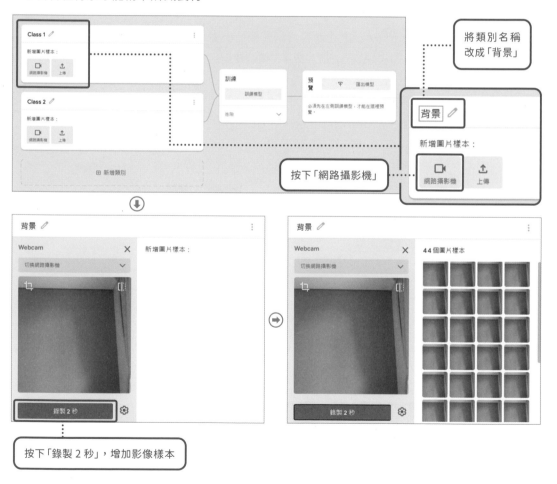

❷ 建立食材的影像樣本

接著建立要讓「Class 2」學習的食材影像。
「TM2Scratch」擴充功能會沿用這裡的類
別名稱，最好先設定成容易瞭解的名字。

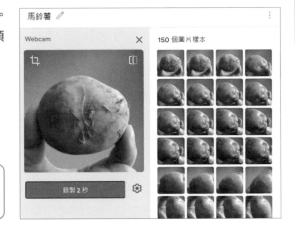

如果要新增學習的食材，請利用「新增類別」，建立新類別，完成影像樣本。

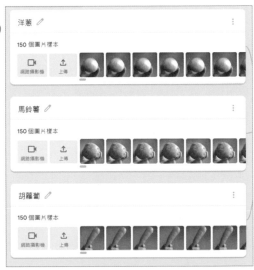

3 訓練模型

完成影像樣本後，請按下「訓練模型」，開始訓練學習模型。

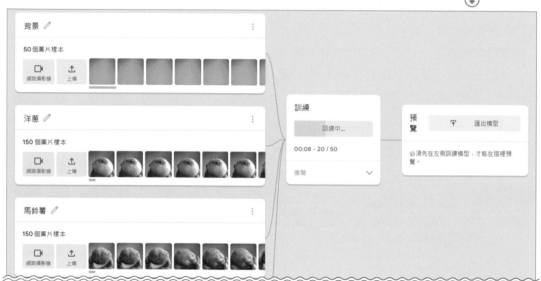

訓練完畢後，請利用預覽確認模型的輸出結果。你可以視狀況新增影像樣本並重新訓練。

按下「匯出模型」，開啟匯出模型的畫面，選取「上傳模型」，把剛才建立的模型儲存在伺服器。Scratch 的擴充功能「TM2Scratch」會使用上傳後顯示的「共用連結」，請先複製該連結。

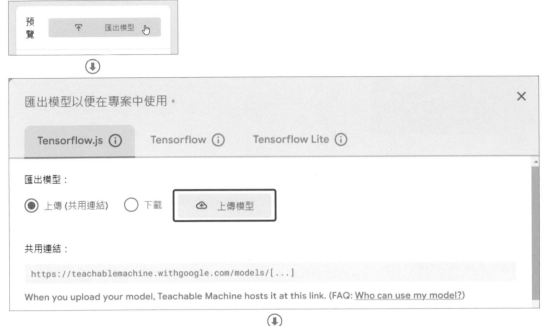

≫ 建立程式

1 選擇擴充功能

載入「TM2Scratch」擴充功能。按下畫面左下方的「添加擴展」鈕，開啟「選擇擴充功能」畫面，選取「TM2Scratch」擴充功能。

TM2Scratch

Recognize your own images and
sounds.

需求   合作者

📶   Tsukurusha,
            YengawaLab and
            Google

> **POINT**
>
> 如果出現了請求允許使用攝影機
> 的畫面，請按下「允許」。

2 建立食材清單

建立此程式要使用的「料理」清單及各料理使用的「食材」清單。

在「料理」清單中，設定使用了此次預設食材的料理名稱。

在「食材」清單中，依照「料理」清單的順序，分別設定該料理的食材。食材請分別設定成 Teachable Machine 建立學習模型時設定的類別名稱。食材之間用半形空格隔開，編輯清單時比較容易檢視。

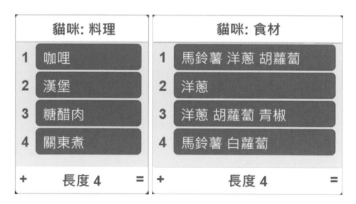

138

3 其他清單

先建立「使用的食材」與「可製作的料理」等其他必要的清單。

「使用的食材」是用來設定影像辨識取得的影像標籤（用 Teachable Machine 學習的類別名稱）。

「可製作的料理」是設定這個程式可以製作的料理名稱。

這兩個清單剛開始可以維持空白。

4 準備變數

準備程式中要使用的變數，作用如下所示。

- 「可製作的料理」編號：用來設定程式中「可製作的料理」清單的編號。
- 「料理」編號：用來設定程式中「料理」清單的編號。

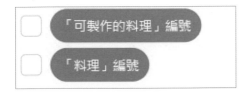

建立變數
☐「可製作的料理」編號
☐「料理」編號

影像辨識專案

2
章

5 建立程式

接著要開始設計程式。

❶ 初始化

進行程式最初必要的處理與設定。

先執行初始化,才能使用「TM2Scratch」的功能。在「影像分類模型網址」中,設定在 Teachable Machine 上傳學習模型時的「共用連結」。

同時將「使用的食材」、「可製作的料理」清單初始化。

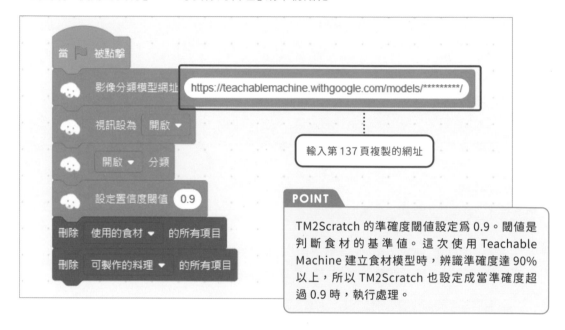

輸入第 137 頁複製的網址

POINT

TM2Scratch 的準確度閾值設定為 0.9。閾值是判斷食材的基準值。這次使用 Teachable Machine 建立食材模型時,辨識準確度達 90% 以上,所以 TM2Scratch 也設定成當準確度超過 0.9 時,執行處理。

❷ 將「料理」複製至「可製作的料理」中

建立把「料理」清單的內容複製到「可製作的料理」清單的定義積木。取得食材的影像標籤時,篩選「可製作的料理」。

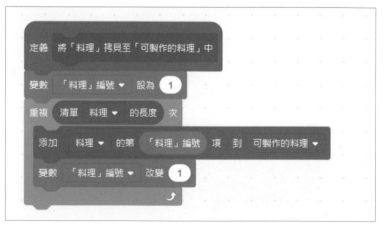

建立定義積木後，疊在初始化處理的最後。

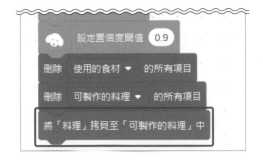

6 **接收到影像標籤時的處理**

接收到影像標籤後，篩選「可製作的料理」。

```
接收到影像標籤：任何 ▼ 時
如果    影像標籤 = 背景 不成立 且 清單 使用的食材 ▼ 包含 影像標籤 ？ 不成立 那麼
    添加 影像標籤 到 使用的食材 ▼
    變數 「可製作的料理」編號 ▼ 設為 1
    重複 清單 可製作的料理 ▼ 的長度 次
        變數 「料理」編號 ▼ 設為 可製作的料理 ▼ 的第 「可製作的料理」編號 項 在 料理 ▼ 裡的項目編號
        如果 字串 食材 ▼ 的第 「料理」編號 項 包含 影像標籤 ？ 那麼
            變數 「可製作的料理」編號 ▼ 改變 1
        否則
            刪除 可製作的料理 ▼ 的第 「可製作的料理」編號 項
```

這裡將分別解說各個部分的內容。

首先，在以下部分中，如果「TM2Scratch」接收到的影像標籤（食材）不是「背景」且不包含在「使用的食材」清單時，會把當作影像標籤接收到的食材新增到「使用的食材」清單中。

```
接收到影像標籤：任何 ▼ 時
如果    影像標籤 = 背景 不成立 且 清單 使用的食材 ▼ 包含 影像標籤 ？ 不成立 那麼
    添加 影像標籤 到 使用的食材 ▼
```

接著在以下部分比對食材與料理。

為了確認「可製作的料理」清單中的料理是否使用了影像標籤接收到的食材，重複執行「可製作的料理」的長度（**❶**）。

在「「料理」編號」變數中，設定現在要比對的「可製作的料理」是「料理」中的第幾號（**❷**）。

如果「食材」清單的相同編號包含了影像標籤，就執行接下來的重複處理，若不包含影像標籤（料理沒有用到），則從清單中刪除料理（**❸**）。

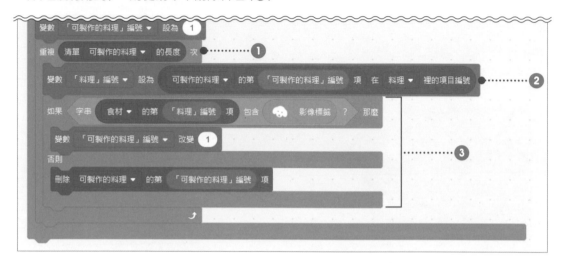

這個程式運用了集合的概念。集合是指,多個「物件」的群組,下圖把集合的關係製作成「文式圖」。每個圓形代表「使用○○的料理集合」,例如在胡蘿蔔的圓形中,包含了使用胡蘿蔔的料理。

那麼,重疊的部分會如何?胡蘿蔔與馬鈴薯的重疊部分代表同時使用了胡蘿蔔與馬鈴薯的料理,若再疊上洋蔥,就是使用了胡蘿蔔、馬鈴薯及洋蔥的料理。每次增加圓形的重疊部分,料理會愈來愈明確。

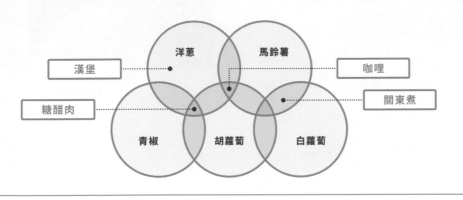

≫ 實際操作

完成程式後,請立刻把食材放在攝影機前,測試看看。

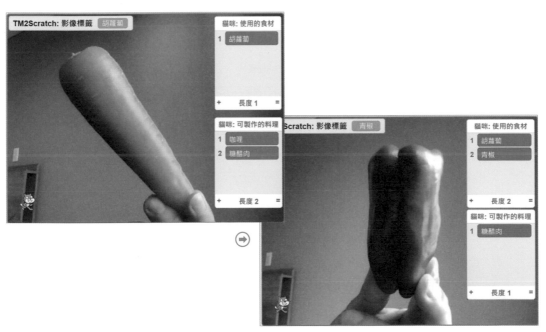

是否正確顯示了使用的食材及料理名稱呢？假如出現了意料之外的結果，請利用 Teachable Machine 的預覽確認是否正確辨識食材，同時重新調整清單操作等部分。

在攝影機前，一次顯示多種影像時，會有什麼結果？請一併試看看。

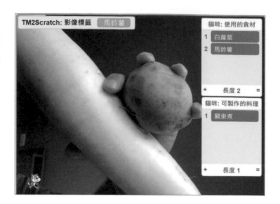

≫ 其他應用

如果能增加食材或料理的數量，甚至是介紹烹調方法，就非常方便呢！

顯示料理名稱的選項時，若可以一併告訴我們還需要哪些食材，應該會更有趣。例如顯示青椒之後，會告訴我們「糖醋肉還需要豬肉及洋蔥！」

嗯嗯，這個程式還可以有各種應用呢！

▶ 食材名稱包含在其他食材名稱內

假設在這次的程式中，加上「蔥」這個食材後，會發生什麼狀況呢？
例如用影像標籤接收「蔥」，並用「○○包含 (蔥)」積木比對。
原本希望配對使用「蔥」的料理，但是「洋蔥」也有一個「蔥」字，而會一併配對。
如果要避免這個問題，在食材前後，以半形空格或逗號 (,) 分隔不要當作食材名稱的文字，儲存在「食材」清單內，比對食材時，因為加上分隔字元，而只會比對目標對象。

這是輸入分隔字元，在清單內輸入食材的範例

這是利用積木設定含分隔字元的比對範例

3章

聲音辨識專案

這一章將介紹使用聲音辨識的專案。讓電腦學習分辨人的聲音、生活中的聲音等，思考讓生活變得更方便或變得更有趣的機制。你不但可以組合多項擴充功能，還能使用 IFTTT 服務，傳送通知給 LINE。請參考這些說明，發揮你的想像力，思考聲音辨識有何用處，建立你的原創作品。

>> 除機器學習之外的必學事項

請試著製作辨識使用者的聲音，翻譯成其他語言（英文）的工具。與外國人溝通時，或許能發揮功效。

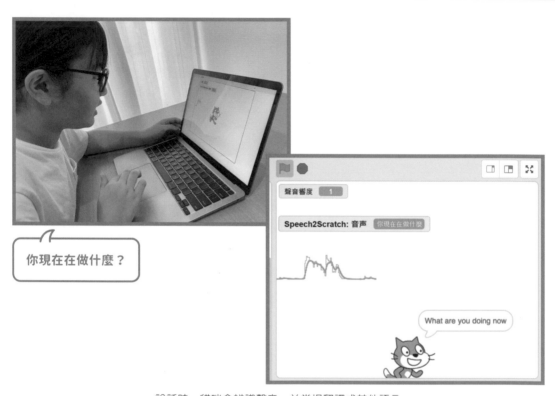

你現在在做什麼？

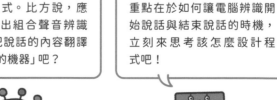

說話時，貓咪會辨識聲音，並當場翻譯成其他語言

Stretch3 有很多擴充功能喔！除了機器學習之外，還有聲音辨識、翻譯、音樂、可以使用 micro:bit 的功能等。

嗯，我想利用某種有趣的組合來設計程式。比方說，應該可以設計出組合聲音辨識與翻譯，「把說話的內容翻譯成其他語言的機器」吧？

就像是自動翻譯機對吧！有了自動翻譯機會非常方便！重點在於如何讓電腦辨識開始說話與結束說話的時機，立刻來思考該怎麼設計程式吧！

≫ 思考作法

----

1. 使用翻譯積木與聲音辨識積木。
2. 組合兩個擴充功能，建立「辨識聲音後，翻譯內容」的程式。
3. 讀取音量變化，自動偵測開始說話及結束說話並執行操作的程式。

≫ 完整程式圖

「貓咪」的程式

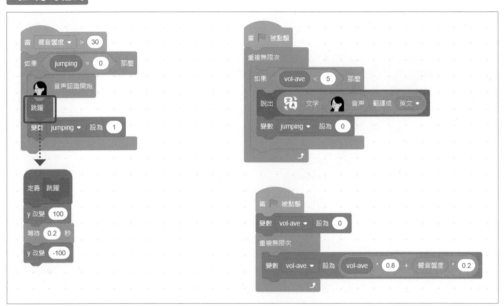

● 必要項目

使用的擴充功能	作用
Speech2Scratch	聽取聲音並辨識內容。
翻譯	以其他語言呈現（翻譯）辨識的聲音內容。

準備的角色	作用
貓咪	編寫辨識聲音的程式，並翻譯辨識的內容（修改最初的「Sprite1」名稱，並沿用該角色）。

建立的變數	作用
jumping	顯示現在是否正在辨識聲音。
vol-ave	顯示音量的移動平均。

≫ 進行學習

這次「Speech2Scratch」將使用完成學習的模型，不需要進行學習，立刻開始建立程式吧！

≫ 建立程式

1 測試「翻譯」擴充功能

載入「翻譯」擴充功能。

按下畫面左下方的「添加擴展」鈕，開啟「選擇擴充功能」畫面，選取「翻譯」擴充功能。

載入擴充功能後，按照下圖增加兩個積木。

翻譯
將文字訊息翻譯為各國語言。

需求　　　　合作者
🛜　　　　Google

POINT

一般的 Scratch 也可以使用「翻譯」擴充功能。

按一下第一個積木，會以對話框顯示「Bonjour」，我們可以瞭解「你好」已經翻譯成法文（依照 Scratch 編輯器的語言設定，可能會顯示成其他語言）。

按下第二個積木會如何？執行之後，應該會顯示「中文（繁體）」。這是取得以何種語言使用 Scratch 的積木。

假如想依照使用者使用的語言來翻譯時，組合這兩個積木，就很方便。

這些積木與其他的機器學習擴充功能不同，使用時，電腦無須學習或訓練，但是語言翻譯技術的發展卻與機器學習有著密切關係。

請試著更改「你好」這個部分的內容，或翻譯成不同語言。

2 測試聲音辨識擴充功能

接著要測試聲音辨識擴充功能「Speech2Scratch」。和剛才一樣，按下「添加擴展」鈕，增加「Speech2Scratch」擴充功能。

載入擴充功能後，會增加兩個積木，如圖所示。

按下「音声認識開始（聲音辨識開始）」積木，第一次執行時，會顯示要求允許使用麥克風的畫面，請按下「允許」（最近大部分的瀏覽器都提供此項功能以保護個人隱私）。

按下「允許」之後，再次按下「音声認識開始（聲音辨識開始）」積木。之後朝向麥克風說出「你好」，應該就能辨識聲音。

按下「音声（聲音）」積木，可以確認辨識結果，應該會顯示「你好」。

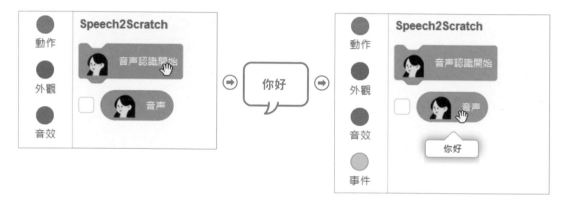

3 建立用鍵盤操作的程式

請組合這兩種擴充功能，設計出可以翻譯說話內容並用文字顯示的程式。

❶ 偵測說話內容，開始辨識聲音

首先要建立偵測開始說話時，執行「音声認識開始（聲音辨識開始）」積木的程式。由於結構稍微複雜，請先設計用鍵盤操作，開始辨識聲音的程式。這張圖是按下空白鍵時，開始辨識聲音的程式。

光這樣無法瞭解程式是否正在執行，所以執行程式，讓貓咪角色跳起。

使用定義積木，加上增加或減少貓咪的 y 座標，呈現跳躍模樣的程式。當貓咪跳躍時，代表開始辨識聲音。

這裡也可以使用跳躍以外的方式呈現，不過藉由外觀瞭解動作狀態，操作時會比較清楚。在日常生活中，當開啟機器的開關時，機器上的燈就會亮起也是一樣的道理。

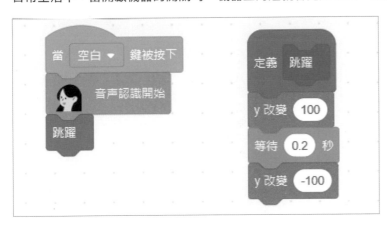

❷ 將聲音辨識結果翻譯並顯示成指定語言

試著加上確認辨識聲音結果的操作。加入按下「c」鍵後，直接顯示辨識聲音的程式（因為靠近空白鍵，所以選擇「c」鍵）。

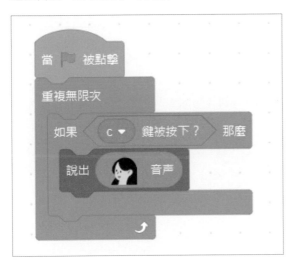

雖然目前的程式可以使用，但是每次說話，就得按下空白鍵，顯示翻譯時，也要另外操作，而且不斷按下空白鍵，會反覆執行聲音辨識程式，只顯示最後的辨識結果。

因此，建立變數「jumping」，顯示是否正在辨識聲音。辨識聲音時設為「1」，結束辨識，顯示聲音結果時設定為「0」，就能取得空白鍵與「c」鍵的操作，避免反覆執行「音声認識開始（聲音辨識開始）」積木。

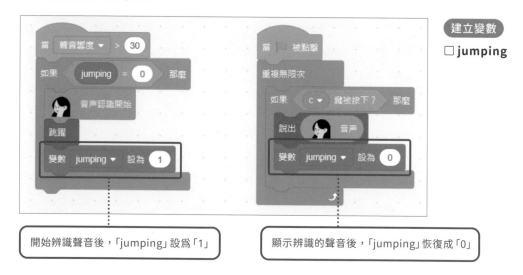

建立變數
☐ jumping

開始辨識聲音後，「jumping」設為「1」

顯示辨識的聲音後，「jumping」恢復成「0」

4 ▶ 建立可以自動執行的程式

可是開始與結束說話時，都得自行操作。如果是自動翻譯機，開始說話之後，就會自動翻譯。因此，請試著建立可以偵測開始與結束說話的程式。

❶ 建立可以偵測開始與結束說話的程式

使用 Scratch「偵測」類別的「聲音響度」積木及「事件」類別的「當聲音響度 >10」積木偵測音量，利用該變化觸發程式。

按照以下內容更改前面「當空白鍵被按下」才開始執行的程式。聲音響度大於「30」時,執行程式。請根據麥克風收音大小及周圍吵雜程度等環境狀態,調整「30」這個值,讓程式能在開始說話後自動執行。

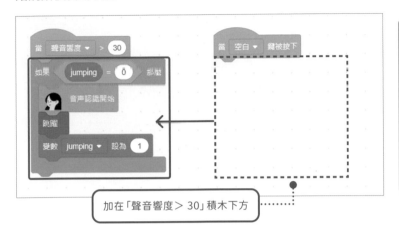

加在「聲音響度 > 30」積木下方

這樣就可以偵測到開始說話的時候。該如何偵測結束說話的狀態呢?

請使用「偵測」類別的「聲音響度」積木。組合比較運算子「<」積木,音量小於一定數值時,即可偵測為結束說話的時機。

請更改「當 c 鍵被按下」積木,如下圖所示。聲音響度小於「5」時,結果如何?你可以依照環境來調整。

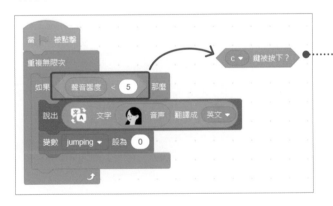

移除這個積木,在相同位置放入「聲音響度 < 5」積木

可是測試之後,卻可能誤判結束說話的地方而顯示翻譯。試著開啟「聲音響度」積木並仔細觀察,可以發現有時話說到一半,音量可能瞬間縮小。在說話的過程中,如果瞬間出現音量變化或換氣時,電腦會判斷為結束說話。

❷ 平均聲音數值

此時，別直接使用聲音響度的數值，改用平均數值。不直接使用從「聲音響度」取得的聲音數值，將之前的數值與現在的數值平均，可以改善音量急速變化的問題，這種方法稱作移動平均。

利用這種方法，可以避免說話過程中，聲音突然變弱，或因為斷句而讓數值變得太小的問題（下圖是為了方便瞭解移動平均的概念而提供的簡單範例）。

● **沒有使用移動平均時**　　　　　　　● **使用移動平均時**

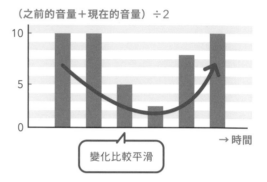

實際套用在程式中，建立代入移動平均的變數「vol-ave」（Volume Average：平均音量）。

更改觸發貓咪說出翻譯結果的處理，用「vol-ave」積木取代「聲音響度」積木。

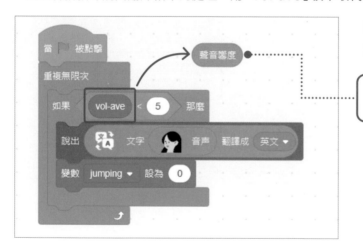

建立變數

☐ **vol-ave**

移除「聲音響度」積木，在相同位置放入「vol-ave」積木

在程式內放入執行時，會持續計算移動平均的「vol-ave」。

首先如下圖所示，建立把目前的平均（「vol-ave」）與最新值（「聲音響度」）相加乘以「0.5」（亦即除以「2」）的程式。可是實際執行聲音辨識時，最新值仍會造成很大的影響，在預期之外的地方判斷結束說話。

因此我們試著在每個數值乘以「0.5」來修改公式，慢慢調整比例。筆者的環境調整成「（vol-ave × 0.8）＋（聲音響度 ×0.2）」會產生最自然的辨識結果（亦即現在的平均：新值＝ 8：2）。

只要這個數值加總為「1」，任何組合都可以，請在你的電腦環境中逐一測試，找出最適合的數值。

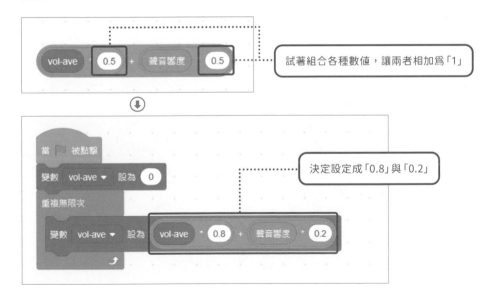

附帶一提，為了方便瞭解實際的聲音響度數值與 vol-ave 數值的關係，繪製了曲線（曲線程式如第 157 頁所示）。藍色曲線是聲音響度的數值，橘色曲線是 vol-ave 的數值。在藍色曲線急速變化的地方，橘色曲線仍呈現平滑狀態。如此一來，即使說話途中音量急速下降，仍可以不間斷地執行聲音辨識處理。

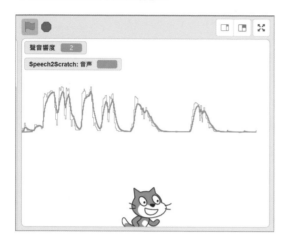

≫ 實際操作

完成程式後，立刻來測試吧！如果不需要操作鍵盤，開始說話時，會自動辨識，說完之後，顯示翻譯內容，代表成功。

▶ 繪圖方法

以下要介紹輕鬆把「聲音響度」與「vol-ave」的數值顯示成曲線的程式。
請先載入「畫筆」擴充功能。

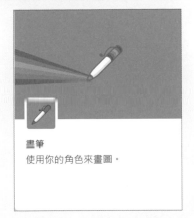

畫筆
使用你的角色來畫圖。

選取「繪畫」，分別爲「聲音響度」曲線與「vol-ave」曲線準備新的角色。造型可以維持空白。

分別建立以下繪圖用的程式。

只有畫筆的顏色與輸入 y 座標值的積木不同，其他內容都一樣。

從左邊開始往右，x 座標加 1 同時持續前進。此時，將繪製 y 座標爲聲音響度數值的曲線。抵達舞台右邊之前，重複執行處理，抵達右邊之後，回到左邊，刪除繪圖，再重複相同處理。

「聲音響度」的曲線程式

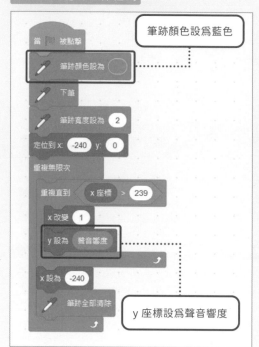

筆跡顏色設爲藍色

y 座標設爲聲音響度

「vol-ave」的曲線程式

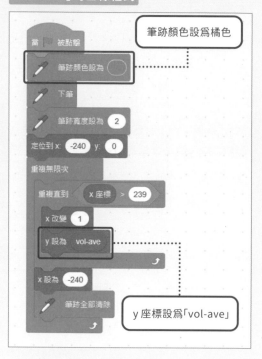

筆跡顏色設爲橘色

y 座標設爲「vol-ave」

≫ 其他應用

說不定同時使用「聲音合成」擴充功能，就可以完成說出翻譯內容的「自動口譯機」！？

很好！口譯的聲音透過喇叭播放出來，會再次被聲音辨識取得內容，結合聲音合成，使用頭戴式麥克風，應該可以聽到翻譯成其他語言的聲音。

聲音辨識除了對話之外，似乎也可以有其他運用……。

除了翻譯之外，把聲音辨識的內容放入清單內，應該可以製作出「把說話內容轉成文字的機器」。

把聲音響度數值即時變成曲線也很有趣！我想試著運用在其他專案。

3-2 使用 micro:bit 完成芝麻開門

以下將製作不使用鑰匙或暗號，只要說出「芝麻開門」，就可以解鎖的機制。

＊註：請注意！這個範例仍在實驗階段，尚未達到實用等級。如果要實際使用在家中的大門，需要更縝密的機制。

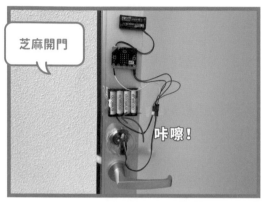

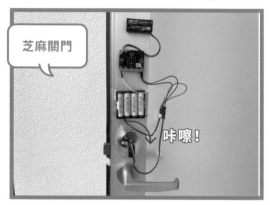

如果可以不帶鑰匙，用魔法般的暗號打開或關上大門，一定很有趣！

最近出現了許多不用鑰匙的門鎖，例如門禁卡、密碼鎖、與智慧手機連動的智慧鎖等。

我家的大門也改成用智慧型手機開啟的智慧鎖。雙手沒空時，非常方便！可是我妹妹沒有智慧型手機，如果有不用智慧型手機也可以使用的智慧鎖就好了！

如果利用「芝麻開門！」的暗號，就可以開門的話呢？運用機器學習，應該可以製作「對聲音產生反應的鑰匙」吧？

≫ 思考作法

1. 利用「Speech2Scratch」接收文字「芝麻開門」。
2. 以指定角度轉動與 micro:bit 連接的伺服馬達。
3. 把伺服馬達裝在門鎖上。

≫ 完整程式圖

『貓咪』的程式

● 必要項目

使用的擴充功能	作用
Speech2Scratch	辨識聲音與暗號。
Microbit More	轉動伺服馬達，開關門鎖。

準備的角色	作用
貓咪	編寫辨識聲音的程式及辨識暗號（修改最初的「Sprite1」名稱，並沿用該角色）。

建立的變數	作用
暗號	顯示開關門鎖的暗號。

其他必備素材、材料、器材等	作用
micro:bit 與裝置必備的材料	參考第 168 頁。
USB 線	連接 micro:bit 與電腦。

▶ 伺服馬達

「伺服馬達」和車輪、電風扇等持續轉動的馬達不同，屬於依照指定角度停止的馬達。這次使用的「SG90」（購買地點請參考第 168 頁）可以設定 0 度到 180 度。請利用這個裝置，以伺服馬達轉動門鎖的旋鈕。

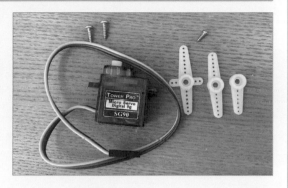

一般的指旋鎖在開啟時，旋鈕朝垂直方向，上鎖時，旋鈕朝水平方向。開關的動作只要左右旋轉 90 度。

● **開啟時**

● **關閉時**

旋轉 90 度

利用伺服馬達旋轉旋鈕，如以下照片所示。

90 度

180 度

伺服馬達的角度為 90 度時，旋鈕變成垂直狀態，伺服馬達的角度為 180 度（往右轉 90 度）時，旋鈕變成水平狀態。

≫ 進行學習

這次「Speech2Scratch」將使用完成學習的模型，不需要進行學習，立刻開始建立程式吧！

≫ 建立程式

1 選擇擴充功能

載入「Speech2Scratch」與「Microbit More」擴充功能。

按下畫面左下方的「添加擴展」鈕，開啟「選擇擴充功能」畫面，選取「Speech2Scratch」。

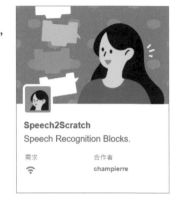

接著載入「Microbit More」擴充功能。這次是用 micro:bit 控制伺服馬達，所以擴充功能要使用「Microbit More」而不是「micro:bit」。

2 micro:bit 的準備工作

如果要使用「Microbit More」，得先用 USB 線連接電腦與 micro:bit，把從 Microbit More 官網下載的「micro:bit 程式」匯入 micro:bit。

Microbit More
https://microbit-more.github.io/editor/

選擇擴充功能時，會顯示「要求配對」的畫面，請選取「BBC micro:bit」，並按下「配對」鈕。

成功連線之後，會顯示「裝置已連線」的畫面，請按下「回到編輯器」。

在擴充功能名稱右邊顯示「✅」，代表成功辨識 micro:bit。

POINT

假如在擴充功能名稱右邊顯示「!」符號，代表 micro:bit 沒有正常連線。請按一下「!」符號，重新執行連線設定。

建立依聲音辨識的暗號，改變伺服馬達動作的程式。

❶ 第一步

一開始先使用「Speech2Scratch」的積木，辨識開門的暗號。

本範例是建立按下空白鍵就開始辨識聲音的程式。

建立變數「暗號」，先用空白執行初始化。控制伺服馬達旋轉的 micro:bit set 「P0」 analog 為「100%」。

完成準備後，顯示「暗號是？」，利用「音声認識開始（聲音辨識開始）」積木開始辨識聲音。

建立變數

☐ **暗號**

❷ 接收聲音

「Speech2Scratch」結束聲音辨識後，會在「音声（聲音）」積木設定該值。這裡會重複處理，等待暗號，直到在變數「暗號」設定了空白以外的值（辨識出某些聲音）。

❸ 暗號處理

依照在變數設定的「暗號」值，分別執行處理。

假如暗號是「芝麻開門」時，指旋鎖的旋鈕變成垂直方向，伺服馬達（set P0）為「90度」。為了在轉完之後立即停止伺服馬達，而將 analog 設為「0%」。

暗號為「芝麻關門」時，指旋鎖的旋鈕往右轉，變成水平方向，伺服馬達（set P0）為「180度」。如果指旋鎖的旋鈕往左轉，變成水平方向，伺服馬達會變成「0度」。

除了暗號之外，其他聲音無法轉動伺服馬達。

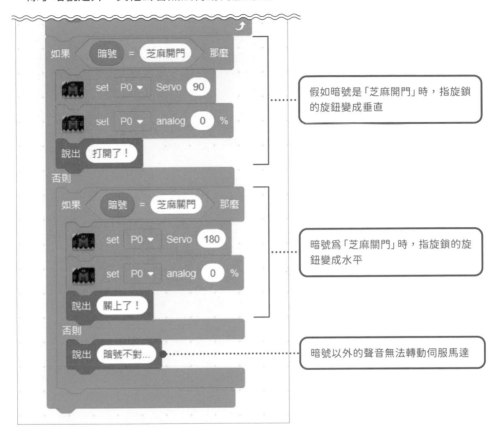

假如暗號是「芝麻開門」時，指旋鎖的旋鈕變成垂直

暗號為「芝麻關門」時，指旋鎖的旋鈕變成水平

暗號以外的聲音無法轉動伺服馬達

完成程式後，實際說出暗號，確認舞台上 Speech2Scratch 標籤的內容，請將該內容輸入程式中。

假如舞台上的標籤顯示為「芝麻開門」時，直接複製，在程式中輸入「暗號＝芝麻開門」，如果輸入錯誤，就無法正確執行，請特別注意這一點。

≫ 製作裝置

準備的物品

- [ ] **micro:bit**（任何版本都可以）
- [ ] 伺服馬達（SG90）
- [ ] 電池盒（3 號電池 4 入）
- [ ] 電池盒（4 號電池 2 入）
- [ ] 3 號鎳氫電池 × 4 顆
- [ ] 4 號乾電池 × 2 顆
- [ ] 跳線 × 4 條
- [ ] 塑膠杯
  （底面直徑約 4 ～ 6cm）

- [ ] 長尾夾
  （夾東西的部分約 25mm）
- [ ] 皿頭螺絲（M3×15mm）× 2 根
- [ ] 螺母（M3）× 2 個
- [ ] 針線
- [ ] 美工刀
- [ ] 精密螺絲起子（＋）
- [ ] 透明膠帶

※micro:bit 與伺服馬達使用的電池種類不同，詳細說明請參考第 174 頁。

　塑膠杯是用來固定伺服馬達的元件。雖然也可以使用紙杯，但是透明容器比較容易調整伺服馬達的位置，太軟或太小的杯子可能無法妥善固定伺服馬達，請尋找一個尺寸適合大門的杯子。

▶ 取得相關元件的地方

透過以下商店可以買到這次使用的部分元件。

- ● **伺服馬達**

  https://akizukidenshi.com/catalog/g/gM-08761/

- ● **跳線**

  https://akizukidenshi.com/catalog/g/gC-15869/

- ● **電池盒**（伺服馬達的電源使用）

  https://akizukidenshi.com/catalog/g/gP-12242/

- ● **電池盒**（micro:bit 的電源使用）

  https://www.switch-science.com/catalog/3496/

在百元商店或生活百貨商場就可以買到塑膠杯、透明膠帶、長尾夾、皿頭螺絲、螺母等其他元件。

作法

① 在伺服馬達裝上伺服擺臂，在伺服馬達運作範圍（180 度）的正中央（90 度）位置，插入伺服擺臂，與本體平行，並使用附屬螺絲固定伺服擺臂，避免從伺服馬達脫落。

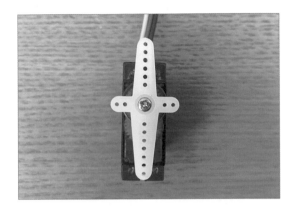

② 在伺服擺臂夾上長尾夾，固定伺服馬達與指旋鎖的旋鈕。用針把線穿過伺服擺臂的孔洞，再穿過長尾夾內側，多綁幾次。如果沒有牢牢固定，伺服馬達的力量就無法徹底傳到伺服擺臂，請盡量綁緊。

牢牢固定

③ 使用塑膠杯製作固定伺服馬達的元件。先暫時把伺服馬達固定在指旋鎖上，決定塑膠杯的裁剪位置。用伺服馬達的長尾夾夾住指旋鎖的旋鈕。
此時，測量大門到伺服馬達中心的距離 **A**。

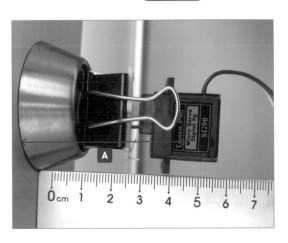

④ 依照右圖裁剪塑膠杯。從杯子的底部開始，到步驟 ③ 測量 **A** 的位置，在兩處留下翼片形狀，並在底面裁剪出插入伺服馬達的孔洞（約 2.4cm×1.2cm）。此時，要讓伺服馬達的轉軸位於塑膠杯的中心。

放入伺服馬達本體
大小約 2.4cm×1.2cm

裁剪

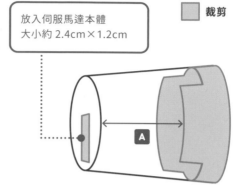

A

將伺服馬達的轉軸放入塑膠杯的中心

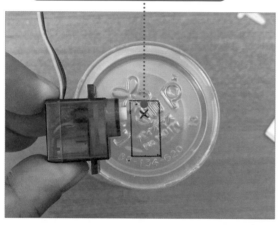

剪下後的狀態

⑤ 完成固定伺服馬達的元件後，立刻設定指旋鎖。將帶有長尾夾的伺服馬達裝在指旋鎖的旋鈕上。

安裝時，盡量讓「伺服馬達的軸心」靠近「指旋鎖的中心」。假如兩者的中心錯開，馬達的扭力就無法確實傳達到指旋鎖。

POINT

將伺服馬達安裝在指旋鎖之前，先執行程式，測試馬達是否能按照預期轉動角度。此外，裝在指旋鎖的長尾夾夾柄會影響旋轉，請先取下（夾柄往中心擠壓就會脫落）。

6 將伺服馬達嵌入塑膠杯底部的孔洞，決定固定元件的位置，彎折固定元件的翼片，用透明膠帶固定在門上。請牢牢固定，讓固定元件在伺服馬達轉動時不會移動。

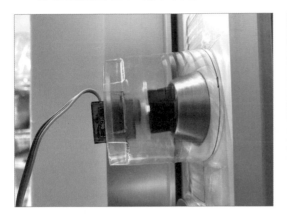

用透明膠帶牢牢固定

7 依照下圖連接 micro:bit、伺服馬達與電池盒。

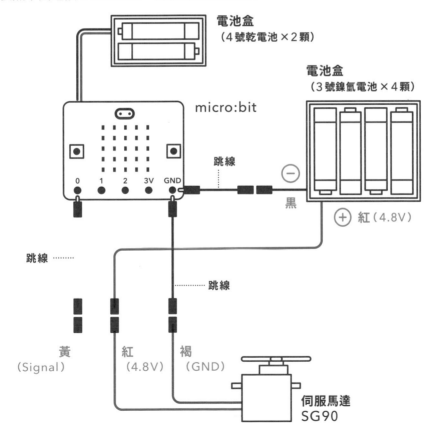

⑧ 如果要使用 micro:bit 的端子，選用含鱷魚夾的電線很方便，但是這次是用皿頭螺絲與螺母夾住固定跳線的 pin 針。在 micro:bit 的 P0 端子連接 1 條黃色跳線，在 GND 端子連接 2 條黑色跳線（跳線的顏色不拘，可以使用其他顏色）。

POINT

具備一定常識的人，可以剝開跳線，將銅線固定在皿頭螺絲上，或用鱷魚夾代替 pin 針。

⑨ 在 micro:bit 的電源連接器接上 2 顆 4 號電池的電池盒。接著分別用跳線連接 micro:bit、伺服馬達、電池盒（把跳線插入連接器），這樣就完成了。如果電池盒有開關，請先開啟開關。

連接之後，如下圖所示（這是伺服馬達還未裝在指旋鎖的狀態圖）。

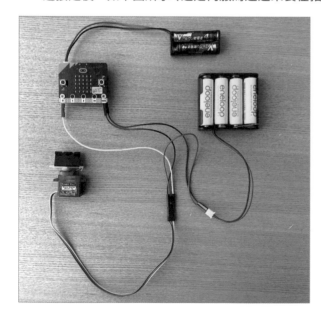

≫ 實際操作

完成程式後，立刻執行看看。請按下空白鍵，說出「芝麻開門」或「芝麻關門」，能否順利開啟或關閉呢？

假如馬達沒有正常旋轉，請調整伺服馬達與電動缸的位置。

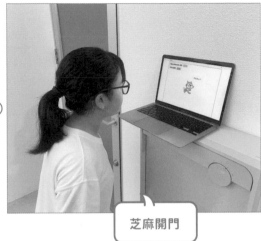

芝麻開門

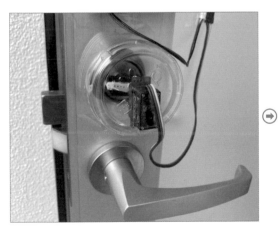

咔嚓！

≫ 其他應用

在玄關測試時，發現這個程式得在外面放一台電腦才行，讓人有點擔心…。

要想一想沒有按下電腦的空白鍵也能辨識聲音的方法。利用剛才「自動翻譯機」用過的方法（第 152 頁），說出暗號時，應該就能自動開始辨識。

 把使用了「Speech2Scratch」的部分改成 TeachableMachine 與「TM2Scratch」，可以做什麼呢？

既然可以分辨人的聲音，應該能做到即使暗號外洩，也只有家人的聲音才能開鎖吧！

如果可以用聲音開門，真的很方便呢～。

 用 3D 列印輸出原本用塑膠杯製作的固定伺服馬達元件，應該能完成更正式的裝置。Tinkercad（https://www.tinkercad.com/）等網站可以查詢製作 3D 列印的資料。

▶ 關於電池

這個範例使用「乾電池」與「鎳氫電池」驅動 micro:bit 與伺服馬達。平常家電產品等使用電池時，可能很少會注意到兩者的差異。其實，乾電池的公稱電壓※ 是 1.5V，鎳氫電池的公稱電壓是 1.2V。這個範例依照驅動機器的電源規格，分別使用不同電池與數量。

micro:bit 除了在 USB 連接器接上 USB 線，由電腦供電之外，也可以在電源用的連接器連接電池盒。電源用連接器的規格是 3V，所以使用 2 顆乾電池（1.5V×2 顆＝ 3V）。

另外，伺服馬達 SG90 的工作電壓是 4.8V，所以要另外準備與 micro:bit 不同的電源，這個範例是使用 4 顆鎳氫電池（1.2V×4 顆＝ 4.8V）。

※ 這是在正常狀態使用電池時，端子之間的電壓標準。

參考網站
- 電池的規格（一般社團法人電池工業會）　　https://www.baj.or.jp/battery/knowledge/spec.html
- micro:bit - Hardware - Power supply　　　　https://tech.microbit.org/hardware/#power-supply
- Micro Servo 9g S G 90（秋月電子通商）　　https://akizukidenshi.com/catalog/g/gM-08761/

利用LINE傳遞家電的通知音效

假如在聲音無法傳到的地方,當聲音響起,可以透過智慧型手機通知,就很方便。以下將不使用偵測聲音的感測器,而是利用機器學習檢測家電的「操作完成音」,並透過 LINE 傳送訊息。

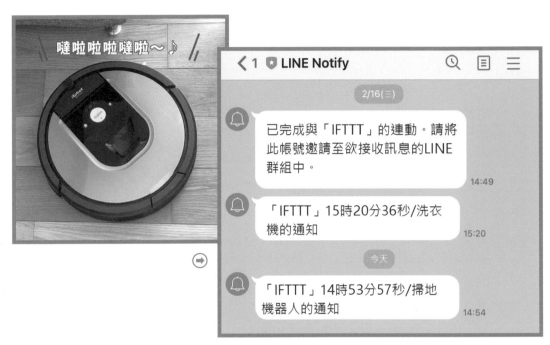

偵測到操作完成音之後,傳送通知。
不用擔心因為手邊的工作而沒有聽到聲音!

有很多家電產品在結束操作時,會用完成音通知我們,例如洗衣機、微波爐、掃地機器人、熱水器等。

不過待在遠一點的地方,或戴耳機聽音樂時,可能就聽不到。

當操作完成音響起,如果能透過智慧型手機的 LINE 傳送通知就好了。

使用 IFTTT 服務,就可以用 LINE 傳送通知喔!我們來製作用機器學習辨識家電的操作完成音,再用 LINE 通知的機制吧!

3
章

聲音辨識專案

≫ 思考作法

1. 讓 Teachable Machine 學習家電的操作完成音並建立模型。
2. 使用 Teachable Machine 的模型偵測家電的操作完成音。
3. 經由 IFTTT 將偵測結果推播給 LINE。

≫ 完整程式圖

「貓咪」的程式

● 必要項目

使用的擴充功能	作用
TM2Scratch	學習、分辨家電的操作完成音。
IFTTT Webhooks	這是在 Scratch 使用 IFTTT Webhooks 的擴充功能，可以與 IFTTT Applet 同步。

準備的角色	作用
貓咪	編寫辨識家電操作完成音，並與 IFTTT Applet 連線的程式（修改最初的「Sprite1」名稱，並沿用該角色）。

建立的變數	作用
家電名稱	設定在 TM2Scratch 學習家電操作完成音的類別名稱。
傳送中	顯示是否正在向 LINE 推播訊息（避免連續傳送相同訊息）。

其他必備素材、材料、器材等	作用
希望傳送通知的家電	會發出操作完成音的家電。
錄音應用程式	錄製家電的操作完成音。
LINE 帳號	接收家電操作完成音已響的通知。可以先登入電腦版的 LINE 帳號（請參考以下的 POINT 說明）。
IFTTT 帳號	第 183 頁將說註冊步驟。

> **POINT**
>
> 使用電腦登入 LINE 時，必須先開啟「允許自其他裝置登入」。在 LINE 應用程式「主頁」的「設定」齒輪圖示，進入「帳號」，開啟「允許自其他裝置登入」。

3 章

聲音辨識專案

≫ 進行學習

在 Teachable Machine 建立家電操作完成音的學習模型。

1 先錄製要辨識的家電操作完成音

先用錄音應用程式錄製音訊樣本要使用的「操作完成音」，不僅方便建立樣本，也可以確認程式的執行狀態。

2 學習家電的操作完成音

在 Teachable Machine 建立家電操作完成音的學習模型。使用瀏覽器（建議使用 Google Chrome）開啟 Teachable Machine，按下「開始使用」。

Teachable Machine

https://teachablemachine.withgoogle.com/

在新增專案畫面中，選取「音訊專案」。

❶ 建立背景噪音（背景音）的樣本

訓練學習模型時，要建立「操作完成音」與「背景噪音」（背景音）的聲音樣本。請先建立「背景噪音」的音訊樣本。

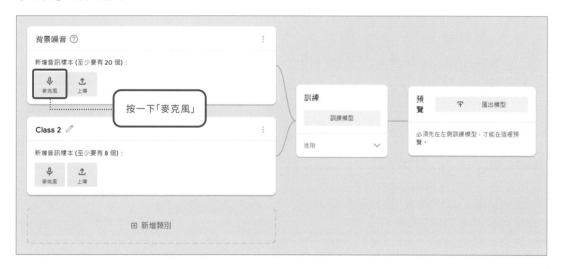

錄製生活環境音（平常屋內的聲音），但不包括想學習的「操作完成音」。錄音完成後，按下「擷取樣本」，建立音訊樣本。

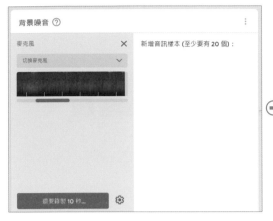

按下這裡，在右側新增樣本

❷ 建立家電操作完成音的樣本

接著在「Class 2」建立想學習的家電操作完成音樣本。類別名稱會直接用於「TM2Scratch」，最好使用「洗衣機」等一看就懂的名稱。

和步驟❶一樣，按下「麥克風」圖示，播放第178頁先錄製的操作完成音，建立音訊樣本。

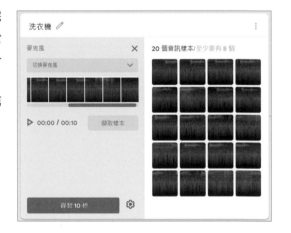

POINT

「上傳」圖示可以新增的檔案只有 Teachable Machine 事先製作或下載的聲音資料 ZIP 檔，請先利用「麥克風」圖示新增。

假如要學習的家電聲音有好幾種，請按下「新增類別」，建立音訊樣本。

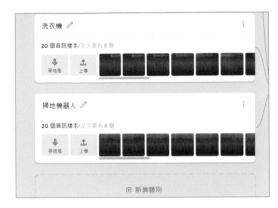

3 ▶ 訓練模型

建立音訊樣本之後，按下「訓練模型」，開始訓練學習模型。

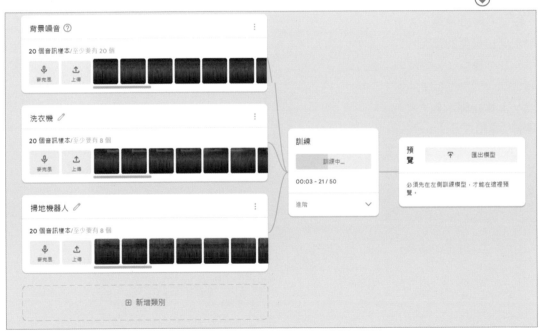

訓練完畢，請利用預覽確認模型的輸出結果，視狀況增加音訊樣本，並重新訓練。

按下「匯出模型」，會顯示匯出模型的畫面。選取「上傳模型」，將剛才建立的模型儲存在伺服器。上傳後顯示的「共用連結」會用在 Scratch 的「TM2Scratch」擴充功能，請按下「複製」，複製連結。

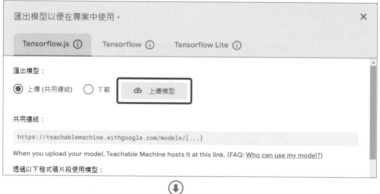

≫ IFTTT 的設定與連接 LINE

「IFTTT」可以結合網路上的服務（Google Drive、Twitter、Instagram 等），並提供整合功能「Webhooks」。Webhooks 是在網路應用程式發生特定事件時，傳送通知給外部服務的機制。

這次使用的「IFTTT Webhooks」是為了在 Scratch，運用 IFTTT Webhooks 的一種擴充功能。使用這個擴充功能，就能建立組合網路上各種服務的原創功能。

1 註冊 IFTTT 帳號

首先請在 IFTTT 的官網註冊 IFTTT 的帳號。按下首頁的「Get Started」或「Start for free」鈕，就可以註冊帳號（免費）。

IFTTT
https://ifttt.com/join

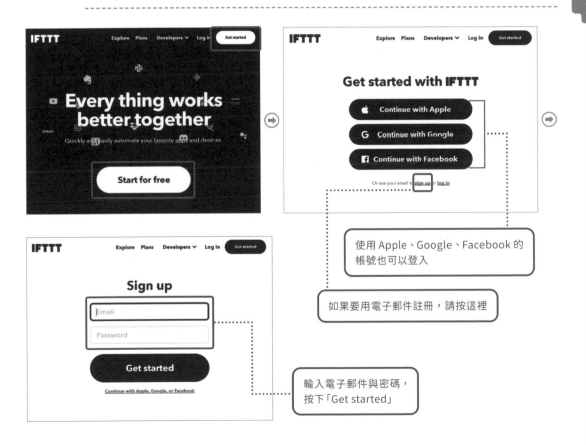

使用 Apple、Google、Facebook 的帳號也可以登入

如果要用電子郵件註冊，請按這裡

輸入電子郵件與密碼，按下「Get started」

2 建立 applet

建立帳號之後，按下 IFTTT 的「Log in」，再按下「Create」鈕，進入建立 applet 畫面。

IFTTT 透過 applet 整合各個服務，並以「If This」（如果～的話）及「Then That」（就做～）的格式建立 applet。IFTTT 的名稱是來自於「IF This Then That」的第一個字母。

❶ If This（如果～的話）的設定

按下「If This」鈕，設定要整合的「如果～的話」。

出現「Choose a service」畫面之後，選擇在 applet 使用的「Webhooks」。

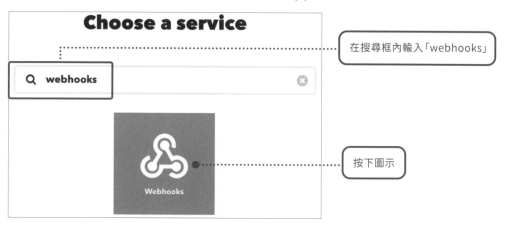

在搜尋框內輸入「webhooks」

按下圖示

在 Webhooks 的「Choose a trigger」畫面中，選取啟動 IFTTT 的 trigger（中文的意思是「板機」），這裡選取「Receive a web request」。

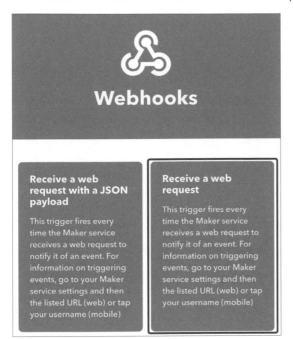

POINT

在 IFTTT 第一次使用 Webhooks 時，選擇 trigger 之後，會顯示「Connect service」的畫面，選取「Connect」，就可以在 IFTTT 使用 Webhooks。

顯示「Complete trigger fields」畫面之後，設定 Event Name（事件名稱），按下「Create trigger」鈕並儲存。當這裡設定的事件名稱請求傳送給 Webhooks 之後，trigger 就會發揮作用。這裡將 Event Name 設定為「kaden2line」。

※「2」與英文的「to」同音，所以用來取代「to」。

❷ 設定 Then That（就做～）

按下「Then That」鈕，這次是在 Choose a service 選擇「Line」。

 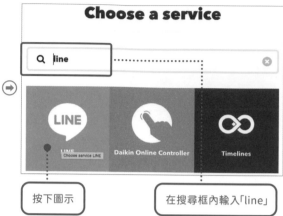

按下圖示　　　　　　　在搜尋框內輸入「line」

在 LINE 的「Choose an action」畫面中，選取在 LINE 執行的動作「Send message」。

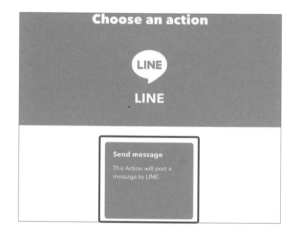

在「Connect service」畫面中，執行與 LINE 連線的設定。按下「Connect」鈕，進入 LINE 的登入畫面。

顯示 LINE 的登入畫面,登入帳號,並按下「同意並連動」鈕。

輸入登入 LINE 帳號的電子郵件

按下「登入」

按這裡

連動之後,LINE 的對話視窗會傳遞以下訊息,並新增「LINE Notify」為好友。

IFTTT 與 LINE 完成連動後，進入「Complete action fields」畫面，在這裡設定動作。

　　「Recipient」是指，接收來自 IFTTT 的訊息對話時，選擇「透過 1 對 1 聊天接收 LINE Notify 的通知」。

　　「Message」是設定 LINE 訊息的雛型，把 Scratch 傳送過來的值（Value1、Value2）放入訊息中，但是 Value1 與 Value2 的值會在 Scratch 設計程式時，才具體設定（請參考第 192 頁）。

　　分別輸入後，按下「Create action」，儲存之後，就完成要執行的動作。

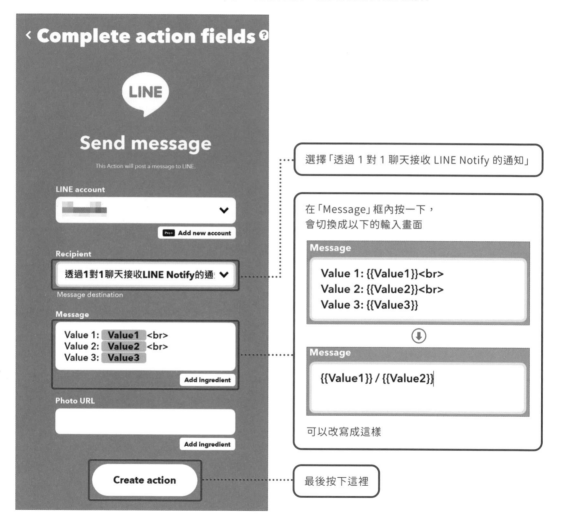

❸ 設定 applet

完成 trigger 的「If」與動作「Then」，最後要設定 applet。請按下「Continue」。

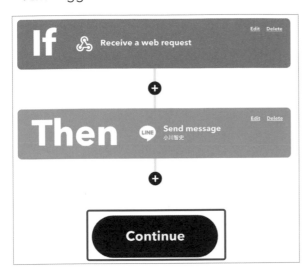

在「Review and finish」畫面中，輸入「Applet Title（Applet 名稱）」。可以輸入中文，輸入之後按下「Finish」，完成 applet 的設定。

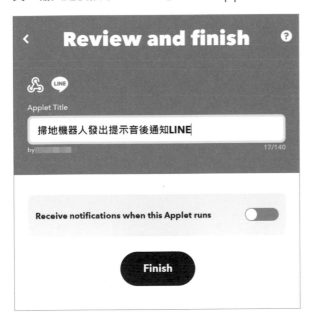

最後取得使用 Webhooks 時的「key」。在 Webhooks 的畫面（https://ifttt.com/maker_webhooks）選取「Documentation」。出現在「Your key is:」後面的英數字串是 Scratch 傳送請求給 Webhooks 時，需要用到的 key，請先複製起來。

key 是為每個人設定的值，請勿分享給其他人。

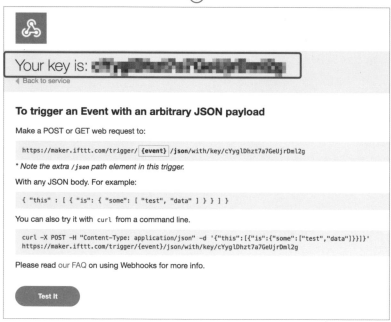

≫ 建立程式

1 選擇擴充功能

載入「TM2Scratch」與「IFTTT Webhooks」擴充功能。按下畫面左下方的「添加擴展」鈕，開啟「選擇擴充功能」畫面，新增「TM2Scratch」與「IFTTT Webhooks」擴充功能。

TM2Scratch
Recognize your own images and sounds.

需求 ☍

合作者
Tsukurusha, YengawaLab and Google

IFTTT Webhooks
Using the IFTTT webhooks in Scratch3.

需求 ☍

合作者
ogaworks

POINT

如果出現了請求允許使用攝影機的畫面，請按下「允許」。這次的範例中，TM2Scratch 不會用到攝影機，所以先利用 TM2Scratch 的「視訊設為關閉」積木關閉攝影機。

2 初始化

程式一開始就將 IFTTT 與 Teachable Machine 連動的設定初始化。TM2Scratch 的「置信度閾值」設定為「0.9」。

建立「傳送中」與「家電名稱」變數，並分別設定成「0」與空白。

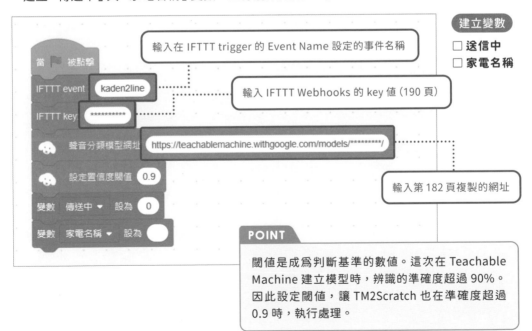

建立變數
☐ 送信中
☐ 家電名稱

輸入在 IFTTT trigger 的 Event Name 設定的事件名稱

輸入 IFTTT Webhooks 的 key 值（190 頁）

輸入第 182 頁複製的網址

POINT

閾值是成為判斷基準的數值。這次在 Teachable Machine 建立模型時，辨識的準確度超過 90%。因此設定閾值，讓 TM2Scratch 也在準確度超過 0.9 時，執行處理。

3　主要處理

程式大致的流程如下所示。

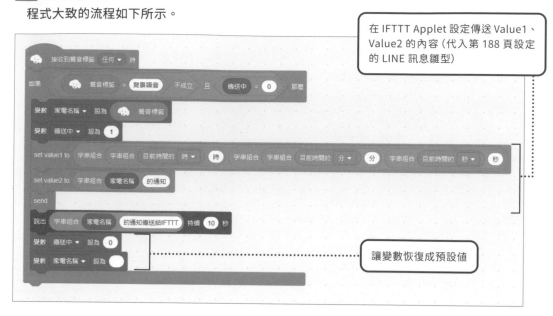

在 IFTTT Applet 設定傳送 Value1、Value2 的內容（代入第 188 頁設定的 LINE 訊息雛型）

讓變數恢復成預設值

❶ 取得聲音標籤時

　TM2Scratch 取得聲音標籤時，該標籤是（非「背景噪音」）某種家電的聲音，只在不是向 LINE 傳送訊息時執行處理。

❷「傳送中」變數的功用

　想偵測的家電操作完成音若是以數秒長度重複發出相同聲音時，Teachable Machine 會連續取得相同標籤。為了避免 LINE 連續傳送相同訊息，傳送一次訊息後，在「傳送中」變數設定「1」，避免執行連續傳送處理。

　當「傳送中」恢復成「0」，再次向 IFTTT Webhooks 傳送訊息，並將「持續○秒」積木設定為 10 秒。

≫ 實際操作

完成程式後，立即執行。請播放家電操作完成音，測試看看，是否在 LINE 的對話畫面中，收到正確的通知？

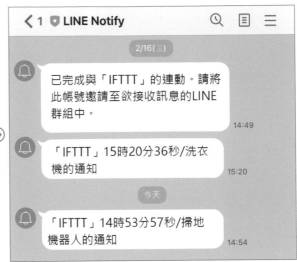

假如聲音標籤沒有做出正確的反應，請調整以下部分。

- 調整「置信度閾值」（數字愈大愈嚴謹）
- 在 Teachable Machine 增加背景噪音的樣本
- 在 Teachable Machine 增加目標類別（操作完成音）的樣本

≫ 其他應用

除了家電之外，如果有偵測寵物的叫聲或嬰兒的聲音並傳送通知的機制，應該很有幫助。

使用 Webhooks，利用 IFTTT，除了可以向 LINE 傳送訊息之外，還可以傳送電子郵件，或與 Amazon Alexa、Google Nest、Google assistant 連動喔！

使用 IFTTT 與機器學習，似乎可以用數不盡的組合建立各式各樣的功能，我想製作出更多有趣的組合。

瀏覽其他人的機器學習專案

在 2020 年與 2021 年舉辦的 Scratch 與 AI 擴充功能專案比賽「兒童 AI 程式設計競賽」（Google 主辦）中，收到許多國中小學生的獨特作品。以下將介紹比賽入圍者們的作品。當你在構思創意時，可以參考這些國中小學生的作品。你想製作何種作品？請先看過以下內容再想一想！

兒童AI程式設計競賽	https://campaigns.google.co.jp/kids_ai/

作品名稱 讓人感動的閱讀體驗

作者：tontoko

「我的目標是，平常在閱讀自己喜愛的書籍時，可以更感動、更享受。讓 AI 透過機器學習的方式學會各種顏色的便利貼，翻頁時，會自動在適當的時機播放合適的音樂。」

作品名稱 小達一個人也做得到

作者：mebumebu

「我的弟弟小達是個撒嬌鬼，他已經四歲了，我希望他可以做好自己的事，所以製作了這個系統。使用 AI 的聲音辨識及影像辨識，協助他完成幼稚園的準備工作。如果他做得好，就可以得到『一個章』。完成準備工作後，就會呼叫在一樓的媽媽」。

作品名稱 不可以發呆！

作者：LEGO太郎

「我用 AI 的影像辨識，製作了禁止用嘴呼吸的裝置。當偵測到嘴巴開開的狀態時，會用鈴聲或蜂鳴器告訴我。跟隨著鍛鍊嘴巴周圍肌肉的『嘴部體操』節奏，能預防我用嘴呼吸。我把裝置與絨毛娃娃結合，可以放在任何地方」。

作品名稱 開心過日子，避免忘記東西的檢查程式

作者：Chihiro

「上了小學之後，妹妹忘記帶的東西愈來愈多，所以我製作了這個程式。只要使用我製作的遺忘物檢查程式，AI 就會幫我們檢查。我製作這個程式的目標是笑著上學。」

作品名稱 Dish! ～這樣就滿分了，爸爸～

作者：宇枝 梨良

「雖然爸爸幫忙做家事是件好事，但是他會把不能放入洗碗機的盤子放進去，導致盤子掉色，惹媽媽難過或生氣。不過爸爸也不是故意的，而且他完全記不住，所以我想幫助他。我覺得只要讓 AI 記錄盤子，就可以輕鬆確認，因此製作了這個程式」。

作品名稱 矯正姿勢系統

作者：田上 雄喜

「這個作品是透過 AI 判斷姿勢，如果姿勢不良，就會發出聲音提醒。我因為吃飯姿勢不良被提醒，為了改善自己的姿勢，製作了這個作品。姿勢不良就扣分，就像玩遊戲一樣，很有趣。可以比較每週獲得的點數，讓人每天都想使用它。」

作品名稱 防止爺爺飲酒過量的系統 II

作者：mebumebu

「爺爺常喝酒過量，為了他的健康著想，我製作了避免飲酒過量的系統 II（NBS）。AI 機器人（NiBoSi）是可以管理酒精攝取量的系統。我認為適當的酒精攝取量是一天 30g，超過這數字，就會提出警告。這個系統可以辨識 11 種酒，並用圖表顯示每天的攝取量。」

作品名稱 Birds Ai 小嗶 scratch ver.

作者：水谷 俊介

「我有過騎自行車摔斷門牙的慘痛經驗，希望可以用 AI 預測最常發生的頭部撞擊事故。以機器學習的方式學習危險場所，判斷攝影機拍攝騎乘自行車時的道路狀況。AI 可以預測危險，用聲音與影像提醒騎乘者注意。這個作品的目的是確認安全，預防事故。」

作品名稱 沖繩秧雞千鈞一髮

作者：小川りりか

「我為了防止沖繩縣的「沖繩秧雞」遇到路殺而製作了這個作品。使用 Teachable Machine，建立沖繩秧雞叫聲的學習模型。偵測到沖繩秧雞的叫聲後，透過 LED 與聲音合成通知駕駛，這樣就能減少沖繩秧雞的路殺問題。」

後 記

當我製作出可以使用機器學習的 Scratch 擴充功能時，因為簡單有趣而深受好評。為了介紹這些功能的用法，同時讓孩子們輕易瞭解機器學習多麼有趣，而出版了前作《邊玩邊學，使用 Scratch 學習 AI 程式設計》。

之後，聽說有些運用書中內容的作品參加了各種程式設計比賽，連小學的課堂上也有使用。還有人在社群媒體上，向大人、小孩介紹「我試著製作出這麼有趣的作品呢」，連偶然看到的電視節目，也介紹了該作品，讓我覺得又驚又喜。這次這本書參考大家製作的大量作品，與共同作者、編輯一起交換意見，蒐集了許多運用機器學習的有趣作品。

這本書加入了撰寫上一本書時，還沒有的新擴充功能，以及尚未介紹過的新用法。如果這本書成為你瞭解機器學習樂趣的契機，激發個人靈感的提示，我將深感榮幸。不論有趣或好玩，任何作品都可以，請與我們分享你創作的作品。

石原淳也

兩年前的夏天，孩子們快要放暑假時，我們家收到《邊玩邊學，使用 Scratch 學習 AI 程式設計》這本書。看了這本書之後，女兒們開始製作自己的專案，我也在日常生活中尋找使用機器學習的靈感，甚至製作了 Scratch 的擴充功能。沒想到這次受邀成為撰寫姊妹作的作者之一。

機器學習有非常多的運用方法。其中，只要利用內建的攝影機及麥克風，就可以透過電腦的影像及聲音，輕易完成分類或推測，有些還能獲得高準確度的結果。這本書介紹了比較實驗性質的範例，只要運用機器學習，就能做到。實際製作時，你可能會發現有待改善的問題或可以進一步發展的重點，讓你想從「實驗性」往上挑戰「實用性」，此時，請務必（別想太多）親自動手練習。當你完成專案後，記得向別人展示，這樣你才能往上提升到另一個階段。

最後，在大家的幫助之下，讓我可以愉快地完成自己的第一本書，包括和我一起想了幾個範例的女兒桃とりり，一起共同撰寫本書的石原與倉本，還有責任編輯關口，謝謝你們。

小川智史

謝謝你拿起這本書。你是否試作了幾個書中介紹的範例？或許其中有些範例因為裝置的關係而無法嘗試操作，但是如果你可以參考程式及用法，確認「是否可以製作這樣的作品？」，我將深感榮幸。

　書中的範例等於是在介紹我們這些作者所做的實驗，因此我們很期待可以看到看完這本書，做了許多嘗試，並表示「我用 Scratch 與機器學習製作了〇〇」的讀者所執行的各種實驗。你可以請家人把作品分享到社群媒體上，或當作自由研究的主題，甚至去參加比賽，與其他人分享你嘗試過的東西。我也會每天搜尋，期待看到各位的實驗。

　最後，謝謝製作 Stretch 3、ML2Scratch 等擴充功能，讓 Scratch 可以使用機器學習功能的共同作者石原淳也，測試了各種範例的共同作者小川智史。還有感謝告訴我，他們看過《邊玩邊學，使用 Scratch 學習 AI 程式設計》的人，他們造就了我撰寫這本書的契機。雖然我常一邊歪著頭，一邊摸索如何寫作，最後在這些話語的鞭策下，得以繼續前進。

倉本大資

作者簡介

石原 淳也 ｜ いしはら じゅんや

開發網路服務及iPhone應用程式，同時在日本成立來自愛爾蘭，以兒童為對象的程式設計教學環境「CoderDojo」，現在是CoderDojo調布的負責人，利用程式設計循環「OtOMO」，持續從事兒童程式設計教學。東京大學工學院機械資訊公學系畢業，是Geolonia（股）公司的工程師，Machiquest（股）公司董事長，也是Tsukurusha,LLC.的出資者。著作有《Scratchで楽しく学ぶ アート＆サイエンス》（日經BP）、共同著作《Raspberry Piではじめるどきどきプログラミング 増補改訂第2版》（日經BP）、《Scratchではじめる機械学習—作りながら楽しく学べるAIプログラミング》（O'Reilly Japan）。

小川 智史 ｜ おがわ のりふみ

生於橫濱，在町田長大，自2012年起住在沖繩縣。第一台電腦是SHARP MZ-1500。累積在系統開發公司的程式設計師及SE的工作經驗，在2004年創業，現在從事企劃、開發、經營網路服務的工作，同時在自己主導的CoderDojo嘉手納，享受與兒童、大人一起設計程式的樂趣，是Machiquest（股）公司的共同創立者，也是GOGOLabs（股）公司的創立者。

倉本 大資 ｜ くらもと だいすけ

生於1980年，2004年筑波大學藝術專門學群綜合造型課程畢業。2008年開始舉辦許多使用Scratch的兒童程式設計研討會。主要從事以兒童為對象的程式設計活動，包括由他經營的程式設計循環「OtOMO」、switch education 顧問、參與程式設計教室「TENTO」等。透過舉辦研討會以及以指導人員為對象的講座，教導兒童與成人如何設計程式，傳遞學習程式設計的樂趣。著作有《アイデアふくらむ探検ウォッチ micro:bit でプログラミング》（誠文堂新光社）。共同著作《小学生からはじめるわくわくプログラミング2》（日經BP）、《Scratchではじめる機械学習》（O'Reilly Japan）、《使って遊べる！Scratch おもしろプログラミングレシピ》（翔泳社）。共同翻譯《mBot でものづくりをはじめよう》（O'Reilly Japan）。還撰寫網路連載「micro:bit でレッツ プログラミング！」（「兒童科學」）。

監修者簡介

阿部 和広 ｜ あべ かずひろ

自1987年起，持續從事物件導向程式設計語言Smalltalk 的研發工作。2001年開始接受電腦之父，也是Smalltalk 開發者Alan Kay 的指導，負責Squeak Etoys 與 Scratch 的日文版本，舉辦過許多以兒童及教育人員為主的講習，同時也參與OLPC（$100 laptop）計畫。著作有《小学生からはじめる わくわくプログラミング》（日經BP社）、共同著作《ネットを支えるオープンソースソフトウェアの進化》（角川學藝出版）、監修《作ることで学ぶ》、『Scratchではじめる機械学習』（O'Reilly Japan）等。NHK 教育頻道「Why!? Programming」程式設計監修、「Friday morning school」演出。曾任多摩美術大學研究員、東京學藝大學、武藏大學、津田塾大學兼任講師、Cyber 大學客座教授，現為青山學院大學研究所社會資料學研究系專任教授、創新技術與社會共創研究所研究員、放送大學客座教授。2003 年度獲得IPA 的 Super Creator 認證。曾任日本文部科學省程式設計學習相關調查研究員。

邊玩邊學，使用 Scratch 學習 AI 程式設計專案大集合

作　　者：石原 淳也 / 小川 智史 / 倉本 大資
監　　修：阿部 和広
譯　　者：吳嘉芳
企劃編輯：蔡彤孟
文字編輯：王雅雯
設計裝幀：陶相騰
發 行 人：廖文良

發 行 所：碁峰資訊股份有限公司
地　　址：台北市南港區三重路 66 號 7 樓之 6
電　　話：(02)2788-2408
傳　　真：(02)8192-4433
網　　站：www.gotop.com.tw
書　　號：A736
版　　次：2023 年 05 月初版
建議售價：NT$480

國家圖書館出版品預行編目資料

邊玩邊學，使用 Scratch 學習 AI 程式設計專案大集合 / 石原淳也, 小川智史, 倉本大資原著；吳嘉芳譯. -- 初版. -- 臺北市：碁峰資訊, 2023.05
　　面；　公分
　　ISBN 978-626-324-505-1(平裝)
　　1.CST：機器學習　2.CST：電腦程式設計
312.831　　　　　　　　　　　　　　112006553